Composés hydroaromatiques

PAR

Marcel GUERBET

DOCTEUR ÈS SCIENCES PHYSIQUES
PHARMACIEN EN CHEF DE L'HOPITAL BICHAT

PARIS
GEORGES CARRÉ ET C. NAUD, ÉDITEURS
3, RUE RACINE, 3

1899

Composés hydroaromatiques

PAR

Marcel GUERBET

DOCTEUR ÈS SCIENCES PHYSIQUES
PHARMACIEN EN CHEF DE L'HOPITAL BICHAT

PARIS
GEORGES CARRÉ ET C. NAUD, ÉDITEURS
3, RUE RACINE, 3

1899

INTRODUCTION

On divise souvent les composés organiques en deux grandes classes ou séries : la série grasse, la série aromatique.

La première comprend ceux qui se rattachent par leurs propriétés aux composés constitutifs des graisses, aux corps gras; la seconde, ceux qui se rattachent de près ou de loin à la benzine. Ces derniers possèdent fréquemment, en effet, une odeur forte et aromatique.

La benzine C^6H^6 se comporte presque toujours comme un corps saturé. Elle peut cependant subir des réactions d'addition et M. Berthelot a montré que l'acide iodhydrique peut la transformer en hexane C^6H^{14} carbure saturé de la série grasse. On connaît aujourd'hui les produits intermédiaires de cette hydrogénation : la dihydrobenzine C^6H^8, la tétrahydrobenzine C^6H^{10}, l'hexahydrobenzine C^6H^{12}.

Ces trois hydrures peuvent être considérés comme les carbures fondamentaux d'où dérivent une foule de composés, qui sont devenus de plus en plus nombreux dans ces dernières années ; on les a appelés *composés hydrobenzéniques* ou *composés hydroaromatiques*.

Bien que cette dernière désignation paraisse plus générale, elle s'applique seulement aux dérivés immédiats des hydrures de benzine ou de leurs homologues. Elle ne s'applique donc pas aux dérivés hydrogénés des autres composés aromatiques, quoique certains d'entre eux, comme les hydrures de naphtaline, possèdent des propriétés analogues à celles des composés hydrobenzéniques.

Les dérivés immédiats de la benzine sont très nombreux, on conçoit donc qu'il puisse en être de même de leurs hydrures. Cependant leur histoire ne s'est développée que dans ces dix dernières années. On connaissait bien jusque-là des représentants de ce groupe ; mais nos connaissances à leur sujet étaient peu étendues et sans aucun lien entre elles. On est arrivé aujourd'hui à les réunir en un faisceau homogène et le présent mémoire a pour objet d'exposer l'état actuel de la science à leur sujet.

Un grand intérêt s'attache à leur étude, car beaucoup de ces composés existent dans la nature, et les plus récents travaux des chimistes ont montré qu'ils se rattachent étroitement au groupe si important et si nombreux des terpènes et des camphres, que l'on rencontre dans la plupart des huiles essentielles.

L'étude des composés hydroaromatiques peut donc être regardée comme une introduction à celle de la série camphénique.

Ces composés sont encore intéressants à un autre point de vue. Beaucoup d'entre eux dérivent des composés aromatiques par hydrogénation directe et se comportent pourtant dans leurs réactions comme le feraient des composés appartenant à la série grasse. Ils forment un véritable trait d'union entre les deux séries. Aussi, après avoir étudié les composés hydroaromatiques, nous mentionnerons dans un chapitre particulier les faits qui les rattachent à chacune de ces deux séries.

Nous terminerons par l'exposé des relations qu'ils présentent avec les corps de la série camphénique.

CHAPITRE PREMIER

HISTORIQUE

En 1867, M. Berthelot fit connaître sa méthode générale d'hydrogénation des composés organiques et montra que la benzine C^6H^6, chauffée à 280° avec une grande quantité d'acide iodhydrique, fixe de l'hydrogène et se transforme peu à peu en hexane C^6H^{14} [1]. Il n'isola pas les produits intermédiaires.

En 1872, Wreden [2], soumettant au même agent l'acide camphorique, obtint le tétrahydrométaxylène C^8H^{14} ; il répéta en 1877 les expériences de M. Berthelot et prépara avec la benzine, le toluène et le métaxylène, les carbures hexahydrogénés correspondants C^6H^{12}, C^7H^{14}, C^8H^{16}.

Plus tard, M. Baeyer [3], toujours par la même méthode, transforma le mésitylène C^9H^{12} en hexahydromésitylène C^9H^{18}.

On ne savait donc préparer jusque-là les carbures hydroaromatiques que par la méthode de M. Berthelot et, comme cette méthode est d'une application difficile, nos connaissances à leur sujet restèrent longtemps stationnaires.

Les carbures n'étaient pas les seuls composés hydroaromatiques qu'on sût préparer par hydrogénation, car, dès 1866, MM. Graebe et Born, d'une part, Mohs, d'autre part [4], avaient

(1) *Comptes Rendus de l'Ac.*, *64*, 760.
(2) *Liebig's Ann. der Chem.*, *163*, 336.
(3) *Ibid.*, *187*, 153.
(4) *Ibid.*, *142*, 330.

pu obtenir les acides dihydrophtalique et dihydrotéréphtalique, en faisant réagir l'amalgame de sodium sur les acides aromatiques correspondants. Cette méthode, plus ou moins modifiée, permit plus tard à MM. Baeyer, Markownikoff, Aschan, etc., de préparer un grand nombre d'acides hydroaromatiques.

Wreden avait montré que les carbures hexahydrobenzéniques se distinguent nettement de leurs isomères les carbures éthyléniques, par leur propriété de se comporter comme des composés saturés. Schutzenberger et Yonine, puis Beilstein et Kurbatow prouvèrent qu'il en est de même des carbures constituant la plus grande partie des pétroles du Caucase. Ils en avaient conclu que ces carbures avaient des chaînes fermées et que certains d'entre eux devaient être des dérivés hydrogénés des carbures aromatiques.

En 1878 (1), M. Prunier, étudiant la quercite isolée en 1849 par Braconnot, de l'extrait aqueux de glands de chêne, découvrit dans ce composé le premier alcool hydroaromatique. Plus tard (1887) M. Maquenne (2) démontra qu'il en était de même de l'inosite, autre matière sucrée signalée dès 1850 par Scherer dans le liquide musculaire.

On connaissait ainsi, parmi les composés hydroaromatiques, des composés naturels et des produits artificiels ; mais l'on ne savait jusque-là préparer ces derniers, que par fixation d'hydrogène sur les composés aromatiques. Ce ne fut que dans ces dernières années que se multiplièrent les méthodes qui permettent de les obtenir au moyen des composés de la série grasse. Elles sont dues surtout à M. Baeyer et à ses élèves. Citons encore parmi les savants qui se sont occupés des composés hydroaromatiques MM. Zelinsky, Knævenagel, Aschan, Einhorn, Willstätter, etc.

---

(1) *Ann. chim. et phys.* (5), *15*, 1.
(2) *Ibid.* (6), *12*, 80.

CHAPITRE II

NOMENCLATURE

Isoméries diverses et nomenclature des composés hydroaromatiques.

Pour représenter les composés hydroaromatiques, nous adopterons habituellement des formules qui dérivent de celle que Kékulé a proposée pour la benzine en 1866 [1]. Cette formule répond mieux aux faits actuellement connus que toutes les autres formules planes qui ont été proposées pour la remplacer, ainsi que l'a montré M. Friedel [2].

Mais les composés hydroaromatiques présentent de nombreux cas d'isomérie, que cette formule plane ne permet pas de concevoir, et M. Baeyer a montré le premier [3] que ces isoméries pouvaient être expliquées par des considérations de stéréochimie. Il est arrivé, dans la longue suite de travaux qu'il a effectués sur la structure de la benzine, à adopter une modification de la formule de Kékulé qui n'est que sa traduction dans le langage stéréochimique. Enfin, M. Friedel [4] a publié une formule analogue à celle de M. Baeyer, qui permet d'expliquer certains faits dont la formule précédente ne donne pas la clef.

---

(1) *Liebig's Ann.*, *137*, 158.
(2) *Dictionnaire* de Wurtz, 2e suppl., *1*, 451.
(3) *Liebig's Ann.*, *245*, 121.
(4) *Bull. Soc. chim.* (3), *5*, 130.

On sait que MM. Le Bel et Van' tHoff ont montré qu'on arrive à expliquer un certain nombre d'isomèries, rebelles jusqu'ici à toute interprétation, en représentant l'atome de carbone comme un tétraèdre régulier, image de l'identité de ses quatre valences. Aux quatre angles solides de ce tétraèdre seraient fixés les atomes ou les groupements d'atomes qui saturent les valences du carbone. Pour représenter deux atomes de carbone échangeant entre eux deux valences, réunis, comme on dit, par une liaison simple, on se sert de deux tétraèdres fixés l'un à l'autre par un de leurs sommets. Si les deux atomes de carbone échangent entre eux quatre valences, ou, comme on dit, sont réunis par une double liaison, on se sert de deux tétraèdres coïncidant chacun par une arête. Appliquant ces conceptions à la formule de la benzine proposée par Kékulé, M. Friedel est arrivé à représenter ce composé fondamental de la série aromatique par la réunion de six tétraèdres réguliers alternativement unis les uns aux autres par un sommet ou par une arête et ayant leurs centres de gravité dans un même plan (fig. I).

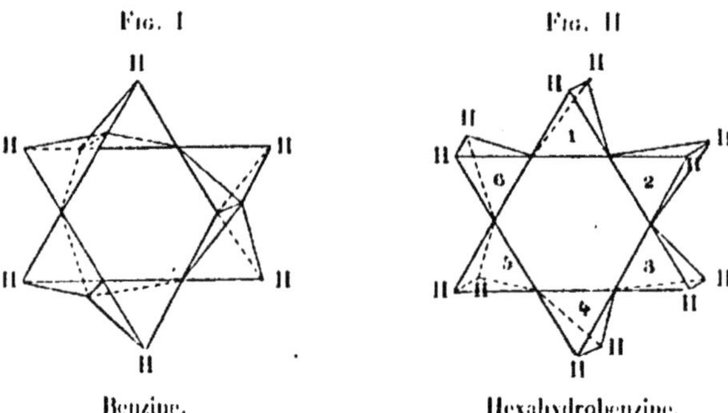

Benzine. Hexahydrobenzine.

Cette manière d'écrire la formule de la benzine a conduit ce savant à établir une formule rationnelle de l'hexahydrobenzine, qui permet de concevoir l'existence des nombreux isomères, que présentent les composés hydroaromatiques.

La fixation de six atomes d'hydrogène sur la benzine pourra

être figurée par la rupture des trois doubles liaisons de la figure I et par leur transformation en liaisons simples. Les valences, devenues libres par suite de cette rupture, étant saturées par les six atomes d'hydrogène fixés sur la benzine, l'hexahydrobenzine sera alors représentée par la figure II, dans laquelle les six tétraèdres, ayant toujours leurs centres de gravité dans le plan du tableau, ne seront plus réunis l'un à l'autre que par les sommets. Tous les points d'attache se trouveront ainsi dans ce plan et les douze atomes d'hydrogène seront fixés aux extrémités des arètes des tétraèdres, perpendiculaires au plan du tableau. Pour chaque tétraèdre, l'un des atomes d'hydrogène se trouvera en avant de ce plan, l'autre en arrière.

Tout est symétrique dans cette figure, il n'est donc possible de concevoir avec elle qu'un seul arrangement des atomes d'hydrogène. On ne connaît en effet qu'une seule hexahydrobenzine.

Pour les dérivés monosubstitués, la formule s'accorde encore avec les faits : ces dérivés ne présentent pas d'isomères; or, quelque soit l'atome d'hydrogène que nous remplacions dans la formule II par un groupe monovalent, nous aurons toujours la même figure.

Les dérivés disubstitués de l'hexahydrobenzine présentent au contraire des isomères : on connaît par exemple deux acides hexahydrotéréphtaliques $CO^2H_1—C^6H^{10}—CO^2H_4$. Dans la notation adoptée ci-dessus, on les représentera en remplaçant par deux groupes CO^2H deux des atomes d'hydrogène fixés à deux atomes de carbone en situation para : 1 et 4 par exemple. Mais cette substitution pourra porter sur deux atomes d'hydrogène placés en arrière du plan du tableau ou, au contraire, sur deux atomes d'hydrogène, dont l'un est en avant, l'autre en arrière de ce plan, ces deux atomes appartenant chacun à l'un des tétraèdes 1 et 4 (figures III et IV).

Fig. III

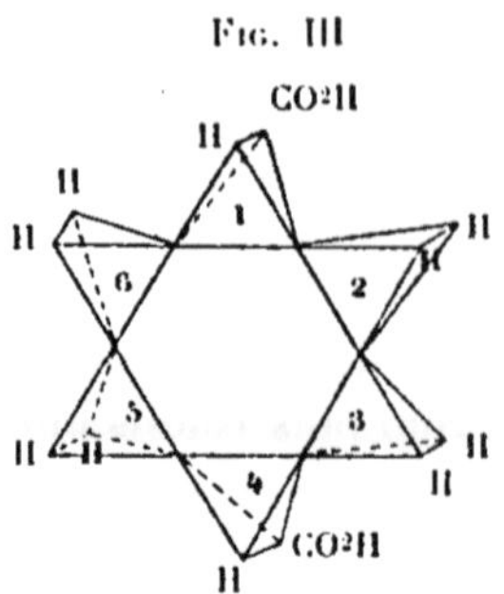

Acide *cis* hexahydrotéréphtalique.

Fig. IV

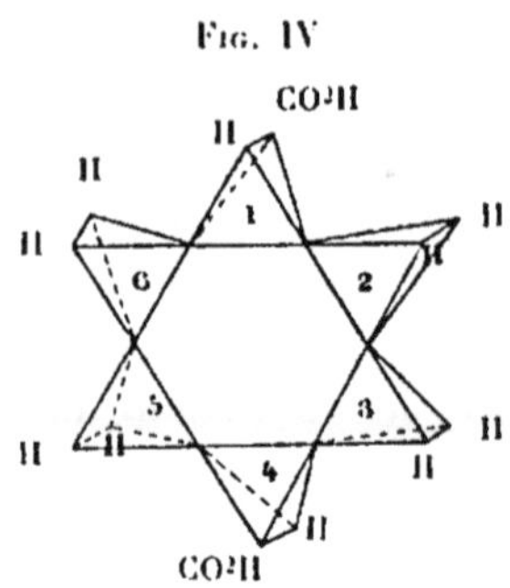

Acide *trans* hexahydrotéréphtalique.

M. Baeyer a appelé isomères *cis* les composés résultant du premier groupement et isomères *cis trans* ou simplement isomères *trans* ceux qui résultent du second. Ce sont les seuls isomères que permet de prévoir la formule II, car il est bien évident que, la figure pouvant être retournée sur elle-même, il n'y a pas lieu de distinguer la substitution simultanée de deux atomes d'hydrogène placés en avant du tableau, de celle de deux atomes placés en arrière.

Frappé de l'analogie de propriétés que présentent les acides *cis* hexahydrotéréphtalique et maléique d'une part, et les acides *trans* hexahydrotéréphtalique et fumarique d'autre part, M. Baeyer a désigné l'isomère *cis* sous le nom d'acide hexahydrotéréphtalique *maléinoïde* et l'isomère *trans* sous le nom d'acide hexahydrotéréphtalique *fumaroïde*. Il a appelé ce genre particulier d'isomérie « *isomérie géométrique relative* » par opposition à l'isomérie géométrique absolue des atomes de carbone par laquelle on explique l'isomérie optique.

L'analogie entre les acides téréphtaliques et les acides maléique et fumarique se retrouve d'ailleurs dans les formules stéréo-chimiques de ces acides. En effet, dans les acides fumarique et maléique, les arêtes des tétraèdres, aux extrémités desquelles sont fixés les carboxyles CO^2H, se trouvent dans un plan de symétrie de la molécule. Il en est de même pour les acides hexahydrotéréphtaliques. (Fig. V.)

Fig. V

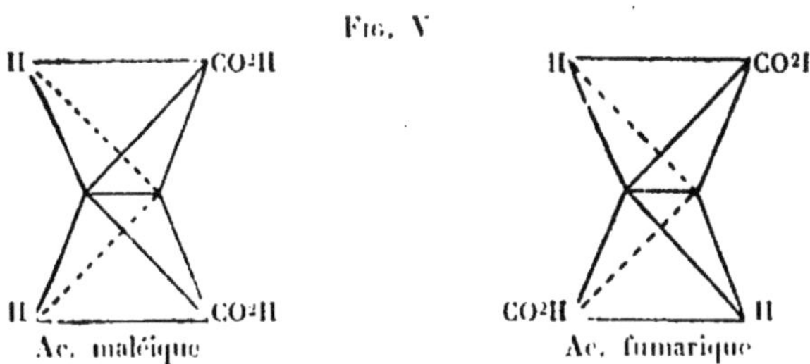

Ac. maléique　　　　Ac. fumarique

Bien que la formule proposée par M. Friedel pour l'hexahydrobenzine s'applique à certains faits inexplicables avec la formule proposée antérieurement par M. Baeyer, nous emploierons de préférence cette dernière, à cause du peu de place qu'elle exige. Il est d'ailleurs facile de la déduire de la précédente. Il suffit pour cela de construire dans la formule de M. Friedel les axes des six tétraèdres représentant les valences des six atomes de carbone. On obtient ainsi, dans le plan du tableau, un hexagone régulier aux sommets duquel sont fixés les atomes de carbone. Les côtés de cet hexagone sont formés par les axes représentant les valences des atomes de carbone qui se saturent deux à deux ; aux extrémités des autres axes sont fixés les douzes atomes d'hydrogène, qui se trouvent ainsi deux à deux, l'un en avant, l'autre en arrière du plan du tableau. (Fig. VI).

C^6H^{12}	C^6H^{10}	C^6H^8
Hexahydrobenzine	Tétrahydrobenzine	Dihydrobenzine

VI: H_a H_r / C / H_t, H_a C — C H_a, H_r / H_r, H_a C — C H_a, H_r / C / H_r H_a

VII: CH / HC = C H_a, H_r / H_t, H_a C — C H_a, H_t / C / H_t H_a

VIII: H_a H_t / C / HC — CH / HC — CH / C / H_r H_a

VI　　VII　　VIII

$_t$ = ante

$_r$ = retro

Telle est la formule proposée par M. Baeyer pour l'hexahydrobenzine. Elle ressemble à la formule de Kékulé, dans laquelle les doubles liaisons auraient disparu. Ces doubles liaisons réapparaissent dans les formules des composés hydroaromatiques non saturés, dérivés de la tétrahydrobenzine ou de la dihydrobenzine, que l'on peut représenter par les formules VII et VIII (page 11).

C'est par la disposition relative de ces doubles liaisons, que l'on distingue les divers isomères, que présentent ces composés non saturés.

Pour les désigner, on emploie les signes conventionnels proposés par M. Baeyer. On fait précéder le nom du composé de la lettre grecque Δ, accompagnée de un ou deux exposants, indiquant les positions des doubles liaisons. Les chiffres employés sont ceux qui correspondent aux atomes de carbone où commencent les doubles liaisons.

Par exemple, les deux acides hydrotéréphtaliques ayant les formules ci-jointes sont les acides :

Δ^2 tétrahydrotéréphtalique I
$\Delta^{1.4}$ dihydrotéréphtalique II

I	II
CO^2H	CO^2H
CH	C
H^2C_6 ¹ $_2CH$	H^2C_6 ¹ $_2CH$
H^2C_5 ⁴ $_3CH$	H^2C_5 ⁴ $_3CH$
CH	C
CO^2H	CO^2H

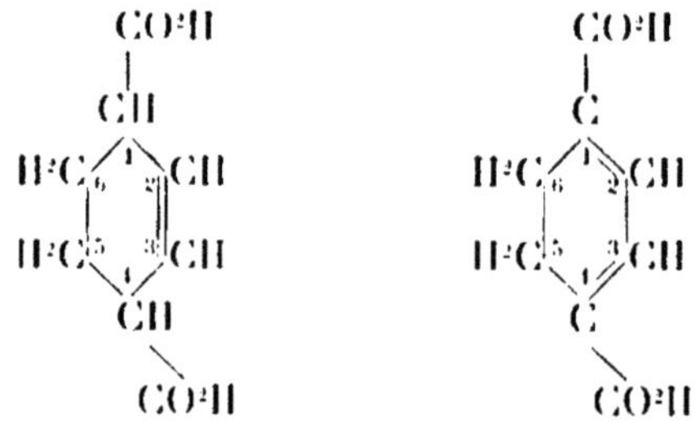

On ne connait encore que fort peu de cas d'isomérie optique, chez les nombreux composés hydroaromatiques préparés synthétiquement et dont la constitution est nettement connue. Il n'est pas douteux cependant, qu'on en puisse préparer un jour, car la plupart des composés hydroaromatiques naturels sont doués du pouvoir rotatoire.

Mais ces trois causes d'isomérie : *position relative des doubles liaisons* entre les atomes de carbone, *asymétrie relative, asymétrie absolue de ces atomes,* pourront se rencontrer dans un même composé, ce qui augmente beaucoup le nombre d'isomères possibles de ce composé.

Le cas de l'existence simultanée des deux premières causes d'isomérie a été étudié expérimentalement par M. Baeyer, sur les acides tétrahydro et dihydrotéréphtaliques [1].

Ce savant a pu isoler et étudier tous les isomères de ce genre prévus par la théorie et que sa notation permet de désigner facilement. Il suffit, pour cela, d'adjoindre à la fois aux noms des composés les préfixes *cis* et *trans,* qui désignent l'isomérie géométrique relative et le signe Δ que l'on attribue à l'isomérie due à la position des doubles liaisons.

Nous verrons dans la suite qu'il existe deux isomères de position de l'acide tétrahydrotéréphtalique et que l'un d'eux est connu sous deux formes présentant l'isomérie géométrique relative ; on les représente par les formules suivantes :

```
      CO²H             H   CO²H            H   CO²H
       |                \ /                 \ /
       C                 C                   C
  H²C // CH         H²C / \\ CH         H²C / \\ CH
  H²C    CH²        H²C     CH          H²C     CH
      \ /               \ /                 \ /
       C                 C                   C
      / \               / \                 / \
     H  CO²H           H  CO²H          CO²H   H
       Δ¹              trans Δ²             cis Δ²
```

On connait quatre isomères de position de l'acide dihydrotéréphtalique.

---

[1] *Liebig's Ann.*, 251, 257.

CO^2H	CO^2H	CO^2H	CO^2H
HC	C	C	C
HC CH	HC CH	H^2C CH	H^2C CH
HC CH	HC CH^2	HC CH^2	H^2C CH
CH	CH	C	C
CO^2H	CO^2H	CO^2H	CO^2H
$\Delta^{2.5}$	$\Delta^{1.5}$	$\Delta^{1.4}$	$\Delta^{1.3}$

L'acide $\Delta^{2.5}$ seul est susceptible d'isomérie géométrique d'après la notation de M. Baeyer. Ces deux isomères sont connus et l'on n'en connaît que deux.

H CO^2H	H CO^2H
C	C
HC CH	HC CH
HC CH	HC CH
C	C
H CO^2H	CO^2H H
trans $\Delta^{2.5}$	cis $\Delta^{2.5}$

Les dix acides hydrotéréphtaliques connus peuvent ainsi être désignés et distingués les uns des autres au moyen de la notation adoptée. Il en est de même des divers isomères, que peuvent présenter les autres dérivés bisubstitués de l'hexahydrobenzine.

On conçoit que les dérivés tri, tétra, pentasubstitués puissent en fournir de plus nombreux encore, mais leur étude est peu avancée.

On connaît mieux les dérivés hexasubstitués, comme les acides hexahydromelliques $C^6H^6(CO^2H)^6$ et les hexachlorures de benzine $C^6H^6Cl^6$. Chacun de ces composés présente deux isomères, auxquels on attribue l'isomérie géométrique relative et que l'on distingue l'un de l'autre par les préfixes *cis* et *trans*,

Il serait facile de montrer que la notation adoptée ne permet de concevoir l'existence que de deux isomères pour chacun de ces composés.

On attribue, comme pour les acides hexahydrotéréphtaliques, la désignation *cis* à l'acide hexahydromellique dont les propriétés sont analogues à celles de l'acide maléique, à la forme *maléinoïde* et, la désignation *trans* à la forme *fumaroïde*.

La structure stéréochimique des deux hexachlorures de benzine a été étudiée par M. Friedel [1]. Ce savant a développé les raisons qui font attribuer à chacun d'eux respectivement les désignations *cis* et *trans*.

NOMENCLATURE PARLÉE

En dehors des noms que nous avons employés jusqu'ici pour désigner les composés hydroaromatiques et qui dérivent directement de ceux des composés aromatiques correspondants, on emploie d'autres noms encore, qui ont été adoptés par le *Congrès de Genève* et qui sont analogues à ceux attribués aux composés de la série grasse.

L'hexahydrobenzine, se comportant dans la plupart de ses réactions comme un carbure saturé, on la désigne par le nom du carbure forménique correspondant, auquel on adjoint le préfixe *cyclo*, c'est le *cyclohexane*.

Les alcools, acétones, acides, amines correspondants, deviennent respectivement des *cyclohexanols*, des *cyclohexanones*, des acides *cyclohexane méthyloïques*, des *amino cyclohexanes*, etc.

D'une manière analogue, la tétrahydrobenzine s'appellera le *cyclohexène* et la dihydrobenzine deviendra le *cyclohexadiène*, etc.

Les composés hydroaromatiques homologues des précédents peuvent en être dérivés par la substitution dans ceux-ci des atomes d'hydrogène par des radicaux monovalents. On les dé-

(1) *Bull. Soc. chim.* (3). 5, 130.

signera par les mêmes noms, que l'on fera précéder des noms des radicaux substitués, en indiquant par des chiffres les positions respectives de ces radicaux : l'hexahydrotoluène s'appellera le *méthylcyclohexane*, le tétrahydromésitylène deviendra le *triméthyl 1,3,5 cyclohexène*, etc.

L'hexahydrobenzine C^6H^{12} peut encore être appelée *hexaméthylène* $(CH^2)^6$; de là une nouvelle nomenclature des composés hexahydroaromatiques dans laquelle :

L'hexahydrotoluène	s'appellera	le méthylhexaméthylène.
L'hexahydromésitylène	—	le triméthyl 1.3.5. hexaméthylène.
L'hexahydrophénol	—	l'oxyhexaméthylène.
L'acide hexahydrobenzoïque	—	l'acide hexaméthylènecarbonique, etc.

Enfin, MM. Markownikoff et Ogloblin (¹) remarquant que les pétroles ou naphtes de Bakou sont surtout formés de carbures paraffèniques et de carbures hexahydroaromatiques, ont proposé pour ces derniers le nom générique de *naphtènes* :

L'hexahydrobenzine	sera	l'hexanaphtène.
L'hexahydrotoluène	—	l'heptanaphtène, etc.

Ces savants désignent d'une manière analogue sous le nom de *composés naphtyléniques* les dérivés de la tétrahydrobenzine et sous le nom de *composés terpéniques* les dérivés de la dihydrobenzine.

On voit de suite que cette nomenclature ne permet pas de désigner nettement les divers isomères d'un composé ; elle a en outre le grand désavantage de considérer les terpènes comme des carbures dihydroaromatiques, ce qui n'est pas établi.

Aussi ces auteurs ont-ils proposé, pour faire disparaître le premier défaut, de réserver le nom de *naphtène* à l'hexahydrobenzine et de désigner les carbures homologues, en les considérant comme résultant de la substitution des atomes

---

(¹) *Journal de la Soc. phys. chim. russe, 15.*

d'hydrogène du carbure fondamental, par des radicaux monovalents.

L'hexahydrotoluène devient ainsi le méthylnaphtène
L'hexahydromésitylène — — le triméthyl 1.3.5 naphtène, etc.
De même, l'acide hexahydrobenzoïque devient l'acide naphtènecarbonique, etc.

Nous désignerons dans la suite les divers composés par les noms dérivés de ceux des carbures aromatiques correspondants ou par les noms qui leur ont été attribués par les savants qui les ont découverts. Nous ferons suivre ces noms de leurs synonymes, en indiquant par le signe [.....] celui de la nomenclature de Genève.

Ordre adopté. — Nous étudierons successivement :

les *Carbures*,
les *Alcools*,
les *Acétones*,
les *Acides*,
les *Amines*.

CHAPITRE III

CARBURES

M. Berthelot a montré que la benzine et ses homologues chauffés en vase clos à 280° avec un grand excès d'acide iodhydrique fumant, fixent de l'hydrogène et se transforment en carbures saturés correspondants de la série grasse. La benzine donne l'hexane normal, le toluène donne l'hydrure d'heptylène, etc.

Cette hydrogénation s'effectue progressivement et l'on peut obtenir ainsi, ou par d'autres méthodes que nous étudierons dans la suite, les dérivés d'addition intermédiaires, résultant de la fixation de 2, 4, 6 atomes d'hydrogène sur les carbures aromatiques. De là la division des carbures obtenus en :

Carbures hexahydroaromatiques.
— tétrahydroaromatiques.
— dihydroaromatiques.

On les représente, comme il a été dit, au moyen de la formule de Kékulé, dans laquelle on suppose que chaque addition de H^2 au carbure benzénique, détermine la rupture d'une double liaison et son remplacement par une liaison simple.

Benzine	Dihydrobenzine	Tétrahydrobenzine	Hexahydrobenzine
CH	CH^2	CH^2	CH^2
HC CH	H^2C CH	H^2C CH^2	H^2C CH^2
HC CH	HC CH	CH CH^2	H^2C CH^2
CH	CH	CH	CH^2

Chaque addition de H^2 amène ainsi la même modification dans la formule ; il n'en est cependant pas de même dans la structure intime de la molécule. Si en effet, on détermine, comme l'a fait M. Berthelot [1], les chaleurs de formation des hydrures de benzine à partir de ce carbure, on trouve que les phénomènes thermiques, accomplis dans ces hydrogénations successives, sont peu régulières.

$$\left.\begin{array}{llr} \underset{\text{Benzine}}{C^6H^6 + H^2} = \underset{\text{Dihydrobenzine}}{C^6H^8} \ldots\ldots & & -\ 2^c,1 \\ \underset{\text{Dihydrobenzine}}{C^6H^8 + H^2} = \underset{\text{Tétrahydrobenzine}}{C^6H^{10}} \ldots\ldots & & +\ 25^c,0 \\ \underset{\text{Tétrahydrobenzine}}{C^6H^{10} + H^2} = \underset{\text{Hexahydrobenzine}}{C^6H^{12}} \ldots\ldots & & +\ 27^c,8 \end{array}\right\} \begin{array}{c} +\ 50^c,7 \\ \text{ou } 16^c,9 \times 3 \end{array}$$

$$\underset{\text{Hexahydrobenzine}}{C^6H^{12} + H^2} = \underset{\text{Hexane}}{C^6H^{14}} \ldots\ldots \quad +\ 11^c$$

Le premier est négatif, tandis que les autres sont positifs avec des valeurs notables. La première fixation d'hydrogène détermine donc dans la molécule des modifications différentes de celles amenées par les hydrogénations ultérieures.

Si maintenant l'on compare les quantités de chaleur, dégagées dans ces fixations d'hydrogène, avec celles que produisent les mêmes réactions effectuées sur un carbure diéthylénique, le diallyle $CH^2{=}CH{-}CH^2{-}CH^2{-}CH{=}CH^2$, on trouve que le deuxième et le troisième dégagement thermique répondent à peu près aux chiffres observés avec le diallyle ; mais la valeur moyenne de ces dégagements est en définitive moindre pour l'hydrogénation de la benzine que pour celle du diallyle.

Enfin, il y a lieu de remarquer la petitesse du dégagement thermique produit par la fixation des deux derniers atomes d'hydrogène, qui amène la transformation de l'hexahydrobenzine en hexane. Il y a donc, dans cette dernière réaction, une transformation plus profonde de la molécule, que dans la

---

(1) *Ann. chim. et phys.* (7), 5, 509.

fixation sur le diallyle des deux derniers atomes d'hydrogène, qui complètent sa saturation. Ce fait est exprimé dans notre notation par la rupture de l'anneau benzénique, qui devient ainsi comparable à une décomposition.

La constitution différente des carbures hydroaromatiques et des carbures isomères de la série grasse apparait encore, si l'on compare les chaleurs de formation, à partir des éléments, du diallyle et de son isomère la tétrahydrobenzine C^6H^{10}.

Chaleur de formation du diallyle. . . .	+	6c,5
— — tétrahydrobenzine	+	18 ,8
Diff.	+	12c,3

Les formules cycliques, que nous attribuons aux carbures hydroaromatiques, répondent donc à la réalité des faits, bien qu'elles ne soient pas encore tout à fait satisfaisantes.

Carbures hexahydroaromatiques. C^nH^{2n}

[*Cyclohexanes*].

État naturel. — Les carbures hexahydroaromatiques forment la partie la plus importante des pétroles ou huiles de naphte du Caucase, où ils accompagnent leurs isomères les *paraffènes* (1). C'est à cause de cette origine qu'on leur donne quelquefois le nom de *naphtènes* (Markownikoff et Ogloblin, loc. cit.). Ils ont été signalés aussi dans les pétroles de Californie et du Canada (2).

Formation. — Ils se produisent :

1° Dans la distillation sèche de la colophane. Cette opération fournit ce qu'on appelle dans l'industrie *les huiles de résine*, qui renferment un certain nombre de carbures hexahydroaromatiques (3).

2° Dans la distillation sèche des corps gras sous pression (4).

---

(1) Beilstein et Kurbatow. *Ber. deutsch. ch. gess.*, *13*, 1818.
(2) Mabery. *Am. Chem. journ.*, *19*, 796.
(3) Renard. *Ann. chim. et phys.* (6), *1*, 228.
(4) Engler et Lehmann. *Berichte der deut. chem. gess.*, *30*, 2365.

3° Lorsqu'on traite les carbures aromatiques correspondants par l'acide iodhydrique fumant, suivant la méthode de M. Berthelot (Wreden, loc. cit.).

$$C^6H^6 + 6H = C^6H^{12}.$$

Cette dernière méthode a été longtemps la seule employée pour la préparation des carbures hexahydroaromatiques. Elle est cependant extrêmement pénible, parce que les carbures obtenus sont toujours souillés de carbures moins hydrogénés et surtout de leurs isomères paraffėniques, qui se produisent en grande quantité et qu'il est très difficile, sinon impossible, de séparer (¹).

4° Certains acides hexahydroaromatiques, chauffés en tubes scellés avec de l'acide iodhydrique et du phosphore, donnent les carbures hexahydroaromatiques possédant le même nombre d'atomes de carbone (²).

$$\underset{\text{Acide hexahydrométatoluique}}{CH^3—C^6H^{10}—CO^2H} + 3H^2 = \underset{\text{Hexahydrométaxylène}}{CH^3—C^6H^{10}—CH^3} + 2H^2O$$

5° Ces carbures prennent enfin naissance, lorsqu'on traite par l'acide sulfurique les carbures tétrahydroaromatiques correspondants (³).

Préparation. — On ne connaît pas jusqu'ici de méthode générale permettant d'obtenir ces carbures avec facilité. Les deux suivantes, si imparfaites qu'elles soient, sont cependant les meilleures :

1° Les sels de chaux des acides bibasiques, distillés avec de

---

(¹) Zelinsky. *Journal Soc. phys. chim. russe* (2), *29*, 275. — Markownikoff. *Berichte*, *30*, 1214. — Kijner. *Ibid.*, *23*, 20 et *24*, 450.

(²) Aschan. *Berichte*, *24*, 2710.

(³) Renard. *Ann. chim. et phys.* (6), *1*, 228. — Maquenne. *Ibid.*, (6), *28*, 279. — Guerbet. *Ibid.* (7), *4*, 352.

la chaux, sont transformés en acétones hexahydroaromatiques suivant la réaction :

$$CH^2\left\langle\begin{array}{l}CH^2-CH^2-CO^2\\CH^2-CH^2-CO^2\end{array}\right\rangle Ca = CO^3Ca + CH^2\left\langle\begin{array}{l}CH^2-CH^2\\CH^2-CH^2\end{array}\right\rangle CO$$

Pimélate de chaux — Pimélone

L'acétone est ensuite transformée en alcool correspondant en la traitant par l'amalgame de sodium et l'alcool.

$$CH^2\left\langle\begin{array}{l}CH^2-CH^2\\CH^2-CH^2\end{array}\right\rangle CO + 2H = CH^2\left\langle\begin{array}{l}CH^2-CH^2\\CH^2-CH^2\end{array}\right\rangle CHOH$$

Pimélone — Hexahydrophénol

Enfin, l'alcool obtenu est transformé en éther iodhydrique, que l'on réduit en solution éthérée par le zinc et l'acide chlorhydrique.

$$CH^2\left\langle\begin{array}{l}CH^2-CH^2\\CH^2-CH^2\end{array}\right\rangle CHI + H^2 = CH^2\left\langle\begin{array}{l}CH^2-CH^2\\CH^2-CH^2\end{array}\right\rangle CH^2 + HI$$

Hexahydrobenzine iodée — Hexahydrobenzine

Cette méthode est longue et ne donne que de faibles rendements.

2° On peut encore extraire les carbures hexahydroaromatiques des pétroles du Caucase, et en particulier de ceux de la presqu'île d'Apscheron qui en sont particulièrement riches. On utilise dans ce but les portions de densité comprise entre 0,71 et 0,73 qui renferment, en outre des naphtènes cherchés, des carbures aromatiques, des carbures di et tétrahydroaromatiques, des paraffènes et enfin des carbures saturés de la série grasse.

Après une première rectification au moyen d'un appareil distillatoire à colonne, qui permet leur séparation en fractions bouillant de 10 en 10 degrés, on agite chacune des fractions successivement : avec l'acide sulfurique, avec un mélange de deux parties d'acide sulfurique et une partie d'acide nitrique fumant, enfin avec de l'acide nitrique fumant. L'acide sulfurique enlève les carbures incomplets, le mélange nitrosulfurique s'empare des carbures aromatiques; enfin, l'acide nitrique fumant détruit les carbures paraffèniques.

Les carbures ainsi purifiés sont lavés avec une solution étendue de soude, puis avec de l'eau. Une dernière rectification effectuée sur les diverses fractions permet d'en séparer les carbures à peu près purs [1].

Cette méthode a l'inconvénient de n'être pas facilement applicable en France, où il est difficile de se rendre compte de la provenance des pétroles, qui a cependant une importance capitale, à cause de la diversité de leur composition suivant les lieux d'origine. En outre, les carbures obtenus ne sont jamais d'une pureté absolue.

Propriétés. — Les carbures hexahydrobenzéniques sont des liquides incolores, mobiles, plus légers que l'eau dans laquelle ils sont insolubles, miscibles avec l'alcool absolu et avec l'éther, solubles dans l'alcool ordinaire.

Leurs points d'ébullition sont supérieurs à ceux des carbures éthyléniques et paraffèniques isomériques. Il en est de même de leurs densités.

Ils sont très stables et ne sont pas altérés à froid par l'acide sulfurique fumant, ni par le mélange des acides sulfurique et nitrique dans un contact de quelques instants. A la longue et avec l'aide d'une agitation violente, l'acide sulfurique fumant les convertit en dérivés sulfonés des carbures aromatiques correspondants. Le mélange nitrosulfurique, agissant à 60° sur certains d'entre eux, les convertit en dérivés nitrés des carbures aromatiques correspondants. Ces deux réactions sont précieuses pour établir la constitution des naphtènes.

L'acide nitrique fumant et froid est sans action même au bout de 6 mois sur l'hexahydrobenzine; il n'attaque que très lentement les termes supérieurs. Il n'en est pas de même

---

(1) Markownikoff. *Liebig's Ann.*, 301, 154.

des isomères éthyléniques et paralléniques de ces carbures, qui sont promptement attaqués par cet agent.

L'acide nitrique étendu ne les oxyde que très lentement à l'ébullition ; cependant cette action est d'autant plus énergique qu'elle se produit sur un carbure plus élevé dans la série. L'acide azotique de densité 1,5 les oxyde au contraire très facilement à 100° : l'hexaméthylène C^6H^{12} donne ainsi l'acide adipique $C^6H^{10}O^4$. Cette production est précédée de la formation de composés nitrés, que l'on prépare plus facilement en chauffant les carbures en tubes scellés à 115°-125° avec de l'acide nitrique de densité 1,03 à 1,07.

Le permanganate de potasse, en liqueur légèrement alcaline, ne réagit pas à froid sur les naphtènes ; l'oxydation est très lente à chaud, mais elle est complète : il ne se produit que de l'eau et de l'acide carbonique.

Avec le chlore, ils se comportent comme les carbures saturés de la série grasse : cet élément ne fournit avec eux aucun dérivé d'addition et seulement des dérivés de substitution. La réaction est en général d'autant plus rapide, que le poids moléculaire du carbure employé est moins élevé. Le premier terme de la série, l'hexahydrobenzine fait exception ; son attaque est lente et régulière même au soleil, alors que, dans les mêmes conditions, les termes plus élevés sont très violemment attaqués. Le brome et l'iode, sans action à la température ordinaire, se substituent lentement à l'hydrogène vers 100°. Cette réaction n'a pas permis jusqu'ici la préparation des dérivés bromés et iodés que l'on obtient indirectement.

En présence du bromure d'aluminium, le brome transforme habituellement les naphtènes en dérivés bromés des carbures aromatiques correspondants (¹). Cette réaction a permis d'établir la constitution de beaucoup de carbures hexahydroaromatiques.

En même temps que ces dérivés bromés, il se forme toujours une matière résineuse, dont la solution alcoolique pré-

---

(¹) Konowaloff. *Journ. Soc. phys. chim. rus.*, *19*, 157.

sente une belle coloration verte. Cette réaction semble être caractéristique de cette classe de carbures [1].

Tandis que les dérivés halogénés des carbures aromatiques ne sont pas décomposables par les alcalis, ceux des carbures hexahydroaromatiques perdent facilement dans cette action de l'acide chlorhydrique, de l'acide bromhydrique ou de l'acide iodhydrique, en donnant des carbures incomplets, comme le font les dérivés halogénés de la série grasse.

L'analogie avec les carbures saturés de cette série se poursuit d'ailleurs dans les propriétés chimiques de leurs dérivés nitrés, amidés, hydroxylés.

Chauffés à 200° avec du soufre, certains naphtènes donnent naissance aux carbures aromatiques correspondants [2].

Isomérisation des carbures hexahydroaromatiques. — Les dérivés chlorés et iodés de ces carbures, chauffés avec l'acide iodhydrique à 250° ou à une température supérieure, se transforment partiellement en carbures paraffèniques isomériques. C'est ainsi que l'hexaméthylène chloré ou iodé donne le méthylpentaméthylène avec un peu d'hexaméthylène [3].

$$\begin{array}{c} CH^2-CH^2-CH^2 \\ | \qquad\qquad\quad | \\ CH^2-CH^2-CH^2 \end{array} = \begin{array}{l} CH^3-CH-CH^2 \\ \qquad\quad | \qquad\qquad \searrow \\ \qquad\; CH^2-CH^2 \nearrow \end{array} CH^2$$

Hexaméthylène — Méthylpentaméthylène

Le méthylhexaméthylène iodé donne de même le diméthylpentaméthylène [4].

Ces transformations isomériques semblent s'effectuer moins facilement pour les termes élevés ; elles expliquent pourquoi la préparation des carbures hexahydroaromatiques, par l'hydrogénation directe des carbures aromatiques, ne donne que de mauvais résultats : il se produit toujours en même temps une

(1) Maquenne. *Ann. chim. et phys.* (6), 28, 279.
(2) Markownikoff. *Berichte*, 20, 1850.
(3) Markownikoff. *Berichte*, 30, 1214-1222.
(4) Zelinsky. *Journ. Soc. phys. chim. rus.*, 29, 275.

grande quantité des isomères paralléniques, dont il est très difficile de les séparer.

C'est une isomérisation du même genre que subit le subérane C^7H^{14} ou cycloheptane, quand il se transforme en méthylhexaméthylène, sous l'influence de la chaleur et de l'acide iodhydrique (Markownikoff.)

Ces faits semblent appuyer la théorie que M. Baeyer a donnée sur l'enchaînement des atomes de carbone et d'après laquelle le noyau à 5 atomes de carbone serait le plus stable de tous [1].

Nous allons maintenant passer brièvement en revue les carbures hexahydroaromatiques connus, en nous étendant un peu plus sur le premier terme, l'hexaméthylène, qui peut être considéré comme le type de la série.

HEXAHYDROBENZINE. C^6H^{12} $CH^2\langle\begin{matrix}CH^2-CH^2\\CH^2-CH^2\end{matrix}\rangle CH^2$.

Ce carbure est encore appelé *hexaméthylène, naphtène*, [*cyclohexane*].

Il n'est connu à l'état de pureté que depuis peu, comme l'établira l'historique de sa préparation.

Dès 1867, M. Berthelot montra que la benzine fixe progressivement de l'hydrogène sous l'action de l'acide iodhydrique et finit par se changer en hexane C^6H^{14}. Wreden [2] parvint, en 1877, à isoler des produits de la même réaction un carbure de formule C^6H^{12}, qui jouissait des propriétés des carbures saturés et que M. Baeyer prépara plus tard en traitant le phénol C^6H^6O par le même réactif [3].

Ce dernier procédé, qui donnait de meilleurs résultats que le traitement de la benzine, fut essayé par Wreden qui confirma ses recherches antérieures et celles de M. Baeyer, et

(1) BAEYER. *Berichte*, *18*, 2278 et *23*, 1275.
(2) *Lieb. Ann.*, *187*, 63.
(3) *Ibid.*, *155*, 271.

attribua au carbure C^6H^{12} le point d'ébullition 69° ; mais il ne put déceler l'hexane dans les produits de la réaction. Aussi, M. Berthelot (1) reprit-il ses expériences sur la réduction de la benzine et affirma de nouveau sa transformation en hexane ; il isola en outre un carbure de formule C^6H^{12} bouillant à 68°,5-72°.

Guidés par ces recherches, MM. Markownikoff et Spadi isolèrent des pétroles de Bakou un carbure C^6H^{12} bouillant à 69°-70° et possédant les propiétés du carbure de Wreden. Ils le prirent comme lui pour l'hexahydrobenzine.

En 1890, Kishner (2) répéta les expériences de M. Berthelot et isola aussi un carbure C^6H^{12} bouillant à 69°-72° de densité 0,7539. On crut dès lors entièrement établi que ce carbure était bien l'hexahydrobenzine.

Cependant, M. Baeyer (3), dans ses recherches sur la constitution de la benzine, remarqua des différences en comparant les propriétés du carbure de Wreden avec celles de l'hexaméthylène, qu'il obtenait synthétiquement, comme nous le verrons dans la suite, et dont la constitution ne pouvait présenter aucun doute. Puis Kishner (4), confirmant ces différences, émit l'hypothèse que le carbure C^6H^{12} provenant de l'hydrogénation de la benzine pouvait bien être un isomère de l'hexaméthylène, être par exemple le méthylpentaméthylène. Les expériences de M. Markownikoff (5), qui transforma l'iodure de suberyle en méthylhexaméthylène en le chauffant avec l'acide iodhydrique, vinrent appuyer cette hypothèse. Ce savant et M. Konowaloff (6) préparèrent alors synthétiquement le méthylpentaméthylène et montrèrent que ce carbure avait les mêmes propriétés physiques que le carbure C^6H^{12}, produit dans la réduction de la benzine.

---

(1) *Comptes Rendus*, *85*, 831.
(2) *Journ. Soc. phys. chim. rus.* (2), *20*, 118.
(3) *Lieb. Ann.*, *278*, 88.
(4) *Journ. Soc. phys. chim. rus.* (2), *23*, 20 et *24*, 450.
(5) *Ibid.* (2), *26*, 379.
(6) *Ibid.* (2), *28*, 125, et *Berichte*, *28*, 1234.

Enfin, M. Zelinsky [1] prépara l'hexaméthylène par la méthode de M. Baeyer et compara les propriétés de ce carbure à celles du méthylpentaméthylène et à celles du carbure de Wreden. Il arriva aux mêmes conclusions et démontra ainsi que le carbure de Wreden était identique au méthylpentaméthylène et non à l'hexaméthylène, comme on l'avait cru jusque-là. Poussant plus loin ses recherches, il chauffa l'hexaméthylène iodé avec l'acide iodhydrique et parvint ainsi à le transformer, pour la plus grande partie, en un carbure qu'il identifia avec le méthylpentaméthylène [2]. Ses recherches furent confirmées un peu plus tard par M. Markownikoff [3].

Il résulte de toutes ces expériences que, dans l'hydrogénation de la benzine par l'acide iodhydrique, il se forme surtout du méthylpentaméthylène bouillant à 71°-72°, de l'hexane bouillant à 71° et un peu d'hexaméthylène bouillant à 80°,5-81°.

Formation. — En dehors des procédés généraux qui permettent d'obtenir l'hexaméthylène et que nous avons déjà cités, mentionnons les suivants :

1° Le bromure d'hexaméthylène, en solution dans le métaxylène, perd son brome quand on le traite par le sodium et donne l'hexaméthylène [4].

$$\begin{array}{l} CH^2-CH^2-CH^2.Br \\ | \\ CH^2-CH^2-CH^2.Br \end{array} + 2\,Na = 2\,NaBr + \begin{array}{lcr} CH^2-CH^2-CH^2 \\ | \quad\quad\quad\quad\quad | \\ CH^2-CH^2-CH^2 \end{array}$$

Cette réaction est tout à fait semblable à celles qui donnent naissance aux carbures paraffèniques, et l'hexaméthylène doit être considéré comme le paraffène en C^6.

2° M. Baeyer [5] l'a obtenu en réduisant par le zinc et l'acide chlorhydrique son dérivé monoiodé $C^6H^{11}I$.

---

(1) *Berichte*, *28*, 1022.
(2) *Berichte*, *30*, 387.
(3) *Berichte*, *30*, 1213 et 1225.
(4) Haworth et Perkin. *Chem. Soc.*, *65*, 591.
(5) *Lieb. Ann.*, *278*, 88.

Donnons quelques détails sur cette méthode qui a permis d'en réaliser la première synthèse, en partant des composés de la série grasse:

L'éther succinique, traité par le sodium, donne naissance à l'éther succinylsuccinique [1].

$$\begin{array}{l} C^2H^5{\cdot}CO^2{\cdot}CH^2 \\ \quad | \\ CH^2{-}CO^2 \\ \quad\quad | \\ \quad\quad C^2H^5 \end{array} + \begin{array}{l} C^2H^5 \\ | \\ CO^2{-}CH^2 \\ \quad\quad | \\ \quad CH^2{\cdot}CO^2C^2H^5 \end{array} = \begin{array}{l} C^2H^5{\cdot}CO^2{\cdot}CH{-}CO{-}CH^2 \\ \quad\quad\quad | \quad\quad\quad\quad | \\ \quad\quad CH^2{-}CO{-}CH{\cdot}CO^2{\cdot}C^2H^5 \\ \quad\quad + 2C^2H^5OH \end{array}$$

Ether succinique — Ether succinylsuccinique

Cet éther se transforme en dicétohexaméthylène sous l'influence de l'acide sulfurique concentré.

$$\begin{array}{l} C^2H^5{\cdot}CO^2{\cdot}CH{-}CO{-}CH^2 \\ \quad\quad | \quad\quad\quad\quad | \\ \quad\quad CH^2{-}CO{-}CH{\cdot}CO^2C^2H^5 \end{array} + 2H^2O = 2C^2H^5OH + 2CO^2 + \begin{array}{l} CH^2{-}CO{-}CH^2 \\ | \quad\quad\quad\quad\quad | \\ CH^2{-}CO{-}CH^2 \end{array}$$

Ether succinylsuccinique — Dicétohexaméthylène

Ce composé est changé par l'amalgame de sodium et l'eau dans l'alcool dicétonique correspondant la *quinite* ou dioxyhexaméthylène.

$$\underset{\text{Dicétohexaméthylène}}{C^6H^8O^2} + 2H^2 = C^6H^{12}O^2 \quad \text{ou} \quad \underset{\text{Quinite}}{OH - C^6H^{10} - OH}$$

La quinite donne avec l'acide iodhydrique l'éther monoiodé correspondant $OH{-}C^6H^{10}{-}I$ dont la réduction produit l'oxyhexaméthylène $OH{-}C^6H^{11}$.

Enfin, ce dernier composé, traité de même successivement par l'acide iodhydrique et les réducteurs, se transforme en hexaméthylène.

$$OH - C^6H^{11} \quad \text{donne} \quad I - C^6H^{11}, \quad \text{puis} \quad C^6H^{12}.$$

Propriétés. — L'hexahydrobenzine bout à 80°,5-81°, sa den-

---

(1) Hermann. *Ibid.*, *211*, 306.

sité à 0° est 0,7902. Son odeur est analogue à celle de la benzine pure.

Il a été dit aux généralités comment cet hydrocarbure se comporte à l'égard des divers réactifs.

Dérivés chlorés de l'hexahydrobenzine. — Le *dérivé monochloré* $C^6H^{11}Cl$ résulte de l'action de l'acide chlorhydrique sur le cyclohexanol ou sur le cyclohexène. C'est un liquide incolore, qui se conserve tel quand il est pur et sec. En présence d'une trace d'eau ou d'acide chlorhydrique, au contraire, il jaunit puis brunit bientôt. Son odeur est forte et brûlante. Il bout à 142°, sa densité à 0° est 0,990. La potasse alcoolique le décompose assez difficilement en lui enlevant les éléments de l'acide chlorhydrique et donnant naissance au cyclohexène C^6H^{10}. Le couple zinc-cuivre ne le transforme que très difficilement en cyclohexane ; il se forme surtout du cyclohexène.

On ne connait pas encore aujourd'hui les dérivés substitués renfermant 2, 3, 4, 5 atomes de chlore. Ils se forment certainement dans l'action directe du chlore sur l'hexahydrobenzine ; mais ils n'ont pu être séparés les uns des autres.

Le *dérivé hexachloré* $C^6H^6Cl^6$, au contraire, est connu depuis longtemps sous le nom d'*Hexachlorure de benzine*. Il en existe deux isomères *cis* et *trans*, qui se forment dans l'action directe du chlore sur la benzine.

$$C^6H^6 + Cl^6 = C^6H^6Cl^6.$$

Le premier isomère connu est le *cis hexachlorure de benzine* ou *isomère α*. Il a été préparé par Mitscherlich [1]. C'est le produit le plus abondant de la réaction précédente. Il cristallise en prismes clinorrhombiques fusibles à 157°, solubles dans le chloroforme, l'alcool, inattaquables par l'acide sulfurique ou par l'acide nitrique même à 100°.

Le zinc, réagissant sur sa solution alcoolique, le transforme

---

(1) Poggendorff. *Ann.*, 35, 370.

en benzine [1]. L'action de l'acétate d'argent en liqueur acétique remplace trois atomes de chlore par trois restes acétiques $C^6H^6Cl^3(C^2H^3O^2)^3$. Les alcalis lui enlèvent 3HCl en le transformant en benzine trichlorée.

L'isomère β ou *trans hexachlorure de benzine* a été isolé par M. Meunier [2]. Il peut être facilement séparé de son isomère, en faisant bouillir leur mélange avec une solution alcoolique de cyanure de potassium qui est sans action sur lui, mais transforme l'isomère α en benzine trichlorée $C^6H^3Cl^3$ [3].

Il cristallise en octaèdres formés par le groupement de huit pyramides triangulaires à symétrie hexagonale [4] fondant vers 310°. Il est plus stable et moins soluble dans le chloroforme que son isomère α. La potasse alcoolique le dédouble comme ce dernier, mais beaucoup plus difficilement.

En réagissant au soleil sur la benzine monochlorée, le chlore produit toute une série de composés chlorés parmi lesquels on n'a pu isoler que l'*hexachlorure de benzine dichlorée* $C^6H^4Cl^8$. Ce composé cristallise en prismes rhomboïdaux et se décompose sans fondre, lorsqu'on le chauffe, en acide chlorhydrique et benzine pentachlorée C^6HCl^5 [5].

Enfin, M. Willgerodt [6] a décrit un *hexachlorure de benzine trichlorée* $C^6H^3Cl^9$ fondant à 95°-96°, que la potasse alcoolique transforme en benzine hexachlorée C^6Cl^6.

Dérivés bromés de l'hexahydrobenzine. — On ne connaît qu'un seul dérivé bromé de ce carbure, c'est l'*hexabromure de benzine* $C^6H^6Br^6$ préparé par Mitscherlich [7], par le même procédé que le dérivé chloré correspondant. Il est isomorphe de l'hexachlorure α et fond à 212°. La solution alcoolique de potasse le dédouble aussi, en donnant de la benzine tribromée $C^6H^3Br^3$.

---

(1) Zinin. *Zeitschrift für anal. chem.*, 1871, 284.
(2) *Ann. chim. et phys.* (6), *10*, 227.
(3) Meunier. *Bull. Soc. chim.* (2), *41*, 530.
(4) Friedel. *Dict. chim. Wurtz*, 2e suppl., 457.
(5) Jungfleisch. *Ann. chim. et phys.* (4), *15*, 29.
(6) *Journ. für prack. chem.* (2), *35*, 416.
(7) *Pogg. Ann.*, *35*, 374.

MM. Orndorff et Howells (1) ont signalé un composé fondant à 253° qui serait son isomère β; mais ils l'ont obtenu en si petite quantité, que son existence paraît bien problématique; d'autant plus que, dans ces derniers temps (2), les expériences de ces savants ont été répétées sans résultat.

Dérivés iodés de l'hexahydrobenzine. — Le dérivé monoiodé $C^6H^{11}I$ seul est connu. On l'obtient en faisant réagir l'acide iodhydrique sur la tétrahydrobenzine C^6H^{10} ou sur l'hexahydrophénol $C^6H^{11}OH$.

C'est un liquide qui se colore rapidement en jaune à la lumière. Il bout à 192°, sa densité à 15° est 1,626.

Hexahydrobenzine mononitrée. $C^6H^{11}AzO^2$. — Ce composé, le seul dérivé nitré connu de l'hexahydrobenzine, prend naissance en petite quantité quand on chauffe vers 120° l'hexahydrobenzine avec l'acide nitrique de densité 1,075. Il est liquide, incolore et possède une odeur analogue à celle de la nitrobenzine. Il se décompose déjà à 100° et entre en ébullition vers 205°. Sa densité à 0° est 1,0759. Il est assez soluble dans l'acide nitrique et donne avec l'alcoolate de soude un précipité blanc, cristallin, très soluble dans l'eau. Les agents de réduction le transforment en amine correspondante, l'amidohexaméthylène $C^6H^{11}—AzH^2$. Lorsque le réducteur employé est la poudre de zinc en présence de l'acide acétique, ce dérivé nitré se transforme pour la plus grande partie en cétohexamétylène $C^6H^{10}O$ (3).

CARBURES HOMOLOGUES DE L'HEXAHYDROBENZINE

Beaucoup de ces carbures ont été trouvés dans les pétroles du Caucase, tels sont : l'*hexahydrotoluène* C^7H^{14}, l'*hexahydro-*

(1) *Am. chem. journ.*, *18*, 312.
(2) Mathews. *Chem. Soc.*, *73*, 243.
(3) Markownikoff. *Lieb. Ann.*, *302*, 15.

métaxylène C^8H^{16}, l'*hexahydropseudocumène* C^9H^{18} (Markownikoff et Ogloblin).

Les huiles de résine renferment, en outre de ces hydrocarbures, l'*hexahydrocumène* C^9H^{18} et l'*hexahydrocymène* $C^{10}H^{20}$ (Renard.)

Les constantes physiques attribuées à chacun de ces carbures par les divers auteurs qui les ont étudiés, diffèrent souvent les unes des autres d'une manière notable, ce qui peut venir de l'état incomplet de leur purification, mais aussi des isoméries qu'ils peuvent présenter. Il est d'ailleurs possible que certains d'entre eux soient reconnus plus tard comme appartenant à d'autres séries parafféniques. On donnera dans la suite les chiffres qui paraissent les plus probables. Comme on mentionnera toujours l'indication bibliographique des diverses origines de ces carbures, il sera facile de retrouver les chiffres donnés par les savants qui les ont étudiés.

Hexahydrotoluène $C^6H^{11}—CH^3$

Heptanaphtène, méthylhexaméthylène [*Méthylcyclohexane*].

On le rencontre dans les produits de l'action de l'acide iodhydrique sur le toluène $C^6H^5—CH^3$ (1) et sur le subérane ou cycloheptane $(CH^2)^7$ (Mackownikoff).

Il se produit encore dans la réduction des iodures correspondants, préparés au moyen des trois méthylcyclohexanols $CH^3—C^6H^{10}—I$ (2).

Le traitement par l'acide sulfurique du tétrahydrotoluène C^7H^{12} le fournit aussi, en même temps que d'autres composés (3).

Il bout à 101°-102°, sa densité à 18° est 0,7646.

Le brome, en présence du bromure d'aluminium, le transforme en pentabromotoluène $CH^3—C^6Br^5$ fondant à 282°.

(1) Wreden. *Lieb. Ann.*, *187*, 161.

(2) Knoevenagel. *Lieb. Ann.*, *297*, 130. — Wallach. *Ibid.*, 1896, 338. — Zelinsky. *Journ. Soc. phys. chim. rus.*, *29*, 275.

(3) Renard. *Loc. cit.* — Maquenne. *Loc. cit.*

Hexahydroxylènes. C^8H^{16}

Octonaphtènes, diméthylhexaméthylènes, [diméthylcyclohexanes].

Isomère méta. $CH^3{}_1$—C^6H^{10}—$CH^3{}_3$. — Ce carbure prend naissance avec d'autres composés, lorsqu'on traite par l'acide iodhydrique le métaxylène C^8H^{10}, l'acide camphorique $C^{10}H^{16}O^4$ ou l'acide heptanaphtènecarbonique C^7H^{13}—CO^2H (1). On l'obtient encore en soumettant, à la méthode générale de transformation en carbures, les diméthyl 1.3 cyclohexanols $(CH^3)^2{}_{1.3}$ =C^6H^9—OH (2).

Il bout à 120°, sa densité à 18° est 0,7736 ; le mélange d'acides sulfurique et nitrique le transforme en trinitrométaxylène (3).

Isomère para. $CH^3{}_1$—C^6H^{10}—$CH^3{}_4$. — Il a été préparé par MM. Zelinsky et Naumow (4) en réduisant, par l'hydrure de palladium et le zinc, l'éther diiodhydrique de la paradiméthylquinite $(CH^3)^2{}_{1.4}$=$C^6H^8(OH)^2{}_{2.5}$.

Il bout à 120° ; sa densité à 0° est 0,769. Le brome, en présence de bromure d'aluminium, le transforme en trinitroparaxylène.

Le carbure C^8H^{16}, obtenu par Schiff (5) dans l'action du chlorure de zinc sur le camphre et qui était regardé jusqu'ici comme l'hexahydroparaxylène, semble en être différent. Son point d'ébullition 137°,6 et sa densité 0,7956 sont en effet beaucoup trop élevés pour un isomère de l'hexahydro-métaxylène.

Hexahydrocumène C^9H^{18} C^6H^{11}—CH=$(CH^3)^2$

Isopropylhexaméthylène, [Isopropylcyclohexane].

On le rencontre dans les huiles de résine (Renard, loc. cit.). Il bout à 147°-150 ; sa densité à 20° est 0,787.

---

(1) Wreden. *Loc. cit.* — Aschan. *Berichte*, 24, 2718.
(2) Zelinsky, Knœvenagel. *Loc. cit.*
(3) Markownikoff et Spadi. *Berichte*, 20, 1850.
(4) *Berichte*, 31, 3206.
(5) *Berichte*, 13, 1407.

HEXAHYDROPSEUDOCUMÈNE C^9H^{18} $(CH^3)^3_{1.3.4} = C^6H^9$

Nononaphtène, triméthylhexaméthylène, [*triméthyl 1.3.4 cyclohexane*].

Ce carbure a été préparé en faisant réagir l'acide iodhydrique sur le pseudocumène C^9H^{12} (1) ou sur le tétrahydropseudocumène ou campholène C^9H^{16}, provenant de l'acide campholique. Ce dernier carbure le fournit encore lorsqu'on le traite par l'acide sulfurique (2). On l'obtient enfin au moyen de l'alcool correspondant, le triméthyl 1.3.5 cyclohexanol (3).

Il bout à 132°-134° ; sa densité à 0° est 0,783 ; le brome et le bromure d'aluminium le transforment en tribromopseudocumène.

HEXAHYDROMÉSITYLÈNE C^9H^{18} $(CH^3)^3_{1.3.5} = C^6H^9$

[*Triméthyl 1.3.5 cyclohexane*].

On le prépare au moyen du mésitylène (4).

Il bout à 135°-138°. L'acide nitrique le transforme en trinitromésitylène.

[TRIMÉTHYL 1.3.3. CYCLOHEXANE] C^9H^{18} $(CH^3)^3_{1.3.3} = C^6H^9$

Il se forme quand on réduit par le zinc et l'acide acétique, l'éther iodhydrique du cisdihydroisophorol $(CH^3)^3_{1.3.3} = C^6H^8 - OH$, alcool obtenu lui-même en hydrogénant l'isophorone (5).

Il bout à 137°-138 ; sa densité à 0° est 0,7848.

CARBURES $C^{10}H^{20}$

On a décrit un certain nombre de carbures présentant cette composition et dont les propriétés sont analogues à celles des

---

(1) KONOWALOFF. *Journ. Soc. phys. chim. rus.*, 17, 255.
(2) GUERBET. *Ann. chim. et phys.* (7), 4, 352.
(3) KNŒVENAGEL. *Loc. cit.* — ZELINSKY et REFORMATSKY. *Journ. Soc. phys. chim. rus.*, 27, 601.
(4) BAEYER. *Lieb. Ann.*, 155, 273.
(5) KNŒVENAGEL. *Lieb. Ann.*, 297, 135.

carbures hexahydroaromatiques; à l'exception des tétrahydrures de térébène, ils peuvent être considérés comme identiques à l'hexahydrocymène.

Hexahydrocymène $C^{10}H^{20}$ ou $CH^3_1—C^6H^{10}—CH_4=(CH^3)^2$

Hydrure de terpilène, menthonaphtène, tétrahydrure de terpène β, menthane, méthylisopropylhexaméthylène, [méthyl 1 méthoéthyl 4 cyclohexane].

Ce carbure prend naissance dans l'action de l'acide iodhydrique sur l'essence de térébenthine $C^{10}H^{16}$ (1) ou sur l'hydrate de terpine $OH—C^{10}H^{18}—OH$ (2); ou encore quand on fait réagir le sodium sur le dichlorhydrate de térébenthène $C^{10}H^{18}Cl^2$ (3). La distillation de la colophane en fournit également (4). Enfin, il prend naissance dans la réduction du menthol $C^{10}H^{19}—OH$ (5).

C'est un liquide à odeur de pétrole, bouillant à 170°, de densité 0,806.

Tétrahydrure de térébène $C^{10}H^{20}$

Tétrahydrure de terpène α

Il se produit lorsqu'on traite le monochlorhydrate de térébenthène par l'acide iodhydrique (6).

Sa densité 0,802 est voisine de celle du précédent carbure; mais son point d'ébullition 160°-162° est notablement inférieur à celui de son isomère. De plus, l'acide sulfurique fumant s'échauffe à son contact, aussi est-il possible qu'il n'appartienne pas à la série hexahydroaromatique.

On peut en dire autant des carbures suivants, qui ont tous été retirés des pétroles de Bakou par MM. Mackownikoff et

---

(1) Berthelot. *Ann. chim. et phys.* (4), *20*, 520.
(2) Schtschukarow. *Journ. Soc. phys. chim. rus.*, *22*, 397.
(3) De Montgolfier. *Ann. chim. et phys.* (5), *19*, 158.
(4) Armstrong. *Berichte*, *12*, 1761. — Renard. *Loc. cit.*
(5) Wagner. *Berichte*, *27*, 1638. — Berkenheim. *Ibid.*, *25*, 688.
(6) Wallach. *Liebig. Ann.*, *268*, 226.

Ogloblin, alors qu'on ne savait pas purifier exactement ces carbures (¹).

		POINT D'ÉBULLITION	DENSITÉ A 0°
Décanaphtène	$C^{10}H^{20}$	160 — 162	0,7950
Endécanaphtène	$C^{11}H^{22}$	179 — 180	0,8119
Dodécanaphtène	$C^{12}H^{24}$	197°	0,8055
Tétradécanaphtène	$C^{14}H^{28}$	240 — 241	0,839
Pentadécanaphtène	$C^{15}H^{30}$	246 — 248	0,8294

Carbures tétrahydroaromatiques.

C^nH^{2n-2}

[*Cyclohexènes*]

Un certain nombre de ces carbures ont été signalés par M. Renard (loc. cit.) dans les huiles de résine ; tels sont le tétrahydrotoluène, un tétrahydroxylène, un tétrahydrocumène.

Il peuvent présenter, d'après les considérations déjà développées, un plus grand nombre d'isomères que les carbures hexahydroaromatiques correspondants. Ainsi, le tétrahydrotoluène C^7H^{12} pourra fournir les quatre isomères suivants :

CH^3	CH^3	CH^3	CH^2
|	|	|	‖
C	CH	CH	C
H^2C ⟋⟍ CH	H^2C ⟋⟍ CH	H^2C ⟋⟍ CH^2	H^2C ⟋⟍ CH^2
H^2C ⟍⟋ CH^2	H^2C ⟍⟋ CH	H^2C ⟍⟋ CH	H^2C ⟍⟋ CH^2
CH^2	CH^2	CH	CH^2
Δ_1	Δ_2	Δ_3	

La constitution de la plupart d'entre eux est encore inconnue, et il est probable que certains, regardés aujourd'hui comme distincts les uns des autres, seront démontrés identiques, lorsqu'ils auront été mieux étudiés.

Formation. — On les obtient par les procédés généraux sui-

(¹) *Journ. Soc. phys. chim. rus.*, 15, 332.

vants, analogues à ceux qui servent à préparer les carbures éthyléniques.

1° Au moyen des cyclohexanols, auxquels on enlève les éléments de l'eau par l'anhydride phosphorique (1).

$$C^6H^{11}—OH \quad - \quad H^2O \quad = \quad C^6H^{10}$$

Hexahydrophénol — Tétrahydrobenzine

2° Au moyen des dérivés monohalogénés des carbures hexahydroaromatiques correspondants, qui perdent une molécule d'hydracide, quand on les fait bouillir avec la potasse alcoolique, avec l'oxyde d'argent humide (Markownikoff), ou avec la quinoléine (Baeyer).

Propriétés. — Ce sont des liquides incolores, volatils, doués d'une odeur de térébenthine, insolubles dans l'eau, miscibles avec l'alcool absolu et avec l'éther. Ils sont notablement plus denses que les carbures hexahydroaromatiques correspondants.

Les solutions ammoniacales de sous-chlorure de cuivre ou d'azotate d'argent, celles de bichlorure de mercure, sont sans action sur eux; ce qui permet de les distinguer de leurs isomères acétyléniques ou alléniques.

Ils fixent une molécule d'hydracide ou une molécule de brome, et se transforment en carbures hexahydroaromatiques correspondants, lorsqu'on les chauffe avec l'acide iodhydrique.

$$C^nH^{2n-2} \quad + \quad H^2 \quad = \quad C^nH^{2n}$$

Avec le chlorure de nitrosyle, ils donnent des nitrosochlorures cristallisés, généralement colorés en bleu.

$$C^6H^9—CH^3 \quad + \quad AzOCl \quad = \quad CH^3—C^6H^9=(Cl)(AzO)$$

Tétrahydrotoluène — Nitrosochlorure

Ils s'oxydent assez rapidement à l'air, en donnant de l'acide carbonique et des produits résineux.

---

(1) Baeyer. *Lieb. Ann.*, 278, 97.

L'acide azotique fumant réagit sur eux avec beaucoup de violence en les résinifiant ; l'acide azotique étendu les attaque plus régulièrement, mais très profondément et l'on n'obtient ainsi, en général, que les acides carbonique, acétique, oxalique et succinique.

L'acide sulfurique s'échauffe à leur contact et transforme un certain nombre d'entre eux en de nouveaux carbures. Il se forme :

1° Le carbure hexahydrogéné correspondant ;

2° Deux carbures isomériques de même composition que le carbure primitif, mais deux fois plus condensés.

Le tétrahydrotoluène C^7H^{12} donne ainsi l'hexahydrotoluène C^7H^{14} et les deux diheptines α et β $(C^7H^{12})^2$ (Renard).

Les carbures tétrahydroaromatiques peuvent être mis en évidence par les deux réactions suivantes qui paraissent être caractéristiques :

1° On chauffe une goutte de carbure avec une ou deux gouttes d'acide sulfurique pur, jusqu'à ce que le mélange devienne brun ; puis on ajoute quelques centimètres cubes d'alcool, qui prend une coloration vert intense, analogue à celle d'une dissolution de chlorophylle.

L'action du brome et du bromure d'aluminium, puis de l'alcool donne lieu à la même coloration (1).

2° Si l'on dissout une goutte de carbure dans 5 centimètres cubes d'alcool et que l'on ajoute avec précaution un même volume d'acide sulfurique, il se produit une coloration jaune qui devient plus intense encore au bout de 12 heures (2).

Tétrahydrobenzine C^6H^{10}

Naphtylène, [*cyclohexène*].

La tétrahydrobenzine a été obtenue par M. Baeyer en enlevant une molécule d'acide iodhydrique à l'hexahydrobenzine mo-

---

(1) Maquenne. *Ann. chim. et phys.* (6), 28, 279.

(2) Baeyer. *Lieb. Ann.*, 278, 99.

noïdée $C^6H^{11}I$, au moyen de la quinoléine. La même réaction se produit avec le dérivé monochloré $C^6H^{11}Cl$ [1].

Ce carbure bout à 83°-84° ; sa densité à 0° est 0,809, son bromure $C^6H^{10}Br^2$ et son chlorure $C^6H^{10}Cl^2$ sont liquides et bouillent, le premier à 215°-220°, le second à 187°-189°. Son nitrosochlorure $C^6H^{10}{=}(AzO)(Cl)$ fond à 152°.

Tétrahydrotoluènes C^7H^{12} $C^6H^9{-}CH^3$

On connaît plusieurs isomères de ce carbure :

1° *L'isomère* Δ_1 ou [Δ_1 *méthyl* 1 *cyclohexène*] se rencontre dans l'essence de résine (Renard).

Il se forme dans l'action de l'acide iodhydrique bouillant à 127° sur la perséite ou heptane heptol [2].

$$HOCH^2{-}[CH(OH)]^5{-}CH^2OH + 10HI = C^6H^9{-}CH^3 + 7H^2O$$

Il bout à 103°-105° ; sa densité à 0° est 0,797. Il est très oxydable à l'air et donne avec l'eau un hydrate cristallisé $C^7H^{12}2H^2O$ analogue à la terpine. De même que ce composé, cet hydrate renferme probablement une molécule d'eau de cristallisation ; ce qui en ferait un alcool monoatomique.

L'acide sulfurique le transforme, comme il a été dit, en hexahydrotoluène et *diheptines* α et β $(C^7H^{12})^2$ qui bouillent entre 230° et 235°. La diheptine α est soluble dans l'acide sulfurique et s'oxyde rapidement à l'air, ce qui le différencie de son isomère β insoluble dans cet acide et que l'air n'oxyde pas.

2° Le second isomère est le *méthyl* 1 *cyclohexène* Δ_2 ou Δ_3. Il prend naissance en effet dans l'action de l'anhydride phosphorique sur le méthyl 1 cyclohexanol 3 $CH^3{}_1{-}C^6H^{10}{-}OH_3$. L'élimination de la molécule d'eau peut donc s'effectuer, soit entre les atomes de carbone 2 et 3, ce qui donnerait l'isomère Δ_2,

---

(1) Markownikoff. *Lieb. Ann.*, 302, 271.

(2) Maquenne. *Ann. chim. et phys.* (6), *1*, 223.

soit entre les atomes de carbone 3 et 4, ce qui produirait l'isomère Δ_3 (1).

Il bout à 105°-106°; sa densité à 20° est 0,8048, son indice de réfraction est 1,4456.

3° Cet hydrocarbure est peut-être identique à celui que l'on obtient en déshydratant par l'anhydride phosphorique le *pulégol* auquel on attribue la formule

$$(CH^3)^2 = C = C\begin{cases} CH(OH) - CH^2 \\ CH^2 \quad - \quad CH^2 \end{cases} CH - CH^3 \ (^2)$$

Ce dernier carbure bout en effet à 103°-105°; sa densité à 20° est 0,806, son indice de réfraction est 1,4445.

4° Enfin, le traitement de l'hexahydrotoluène monochloré, par l'acétate de soude et l'acide acétique, fournit un tétrahydrotoluène isomère ou identique au précédent.

Il bout à 102°-104°, sa densité à 0° est 0,8085 (3).

Tétrahydroxylènes C^8H^{14} ou $CH^3—C^6H^8—CH^3$

Un certain nombre de carbures tétrahydroaromatiques répondent à cette composition. Ce sont les suivants:

1° *Tétrahydrométaxylènes*. $CH^3_1—C^6H^8—CH^3_3$ [*diméthyl* 1.3 *cyclohexènes*]. — Le mieux connu des deux tétrahydrométaxylènes se forme lorsqu'on soumet l'anhydride oxycamphorique $C^{10}H^{14}O^4$ à l'action de l'acide iodhydrique à 150°. Le sel de chaux de ce composé, distillé avec de la chaux, le fournit également (4).

Il prend encore naissance, lorsqu'on chauffe l'acide camphorique $C^{10}H^{16}O^4$ avec l'acide phosphorique sirupeux (5) avec le chlorure de zinc (6) ou avec l'acide iodhydrique (7).

Il bout à 119°; sa densité à 0° est 0,814.

---

(1) Knœvenagel. *Lieb. Ann.*, *297*, 130.
(2) Wallach. *Lieb. Ann.*, *289*, 343.
(3) Spindler. *Journ. soc. chim. rus.*, *23*, 42.
(4) Wreden. *Lieb. Ann.*, *163*, 336.
(5) Berthelot. *Bull. Soc. chim.* (2), *11*, 106.
(6) Ballo. *Lieb. Ann.*, *197*, 322.
(7) Wreden. *Ibid.*, *187*, 171.

2° Un autre tétrahydrométaxylène résulte de l'action de l'anhydride phosphorique sur le diméthyl 1.3 cyclohexanol[5] $(CH^3)^2_{1.3}=C^6H^9-OH_5$ (Knœvenagel, loc. cit.).

Il bout à 124°-125°; sa densité est 0,8005.

3° Le *tétrahydroxylène* isolé par Moitessier et par Wreden, dans les produits de la distillation du camphorate de cuivre, bout à 104°-107°. Sa densité à 0° est 0,800.

4° Le *tétrahydroxylène* des huiles de résine (Renard) bout à 129°-132°, sa densité à 20° est 0,8158. Il est probable que ce carbure n'appartient pas à la série hydroaromatique, bien qu'on la classe généralement dans cette série.

5° L'*octonaphtylène* dérivé de l'octonaphtène C^8H^{16} des pétroles de Bakou (1) bout à 118°-121°.

6° L'*isooctonaphtène* retiré aussi des pétroles de Bakou (2) bout à 123°-129°.

TÉTRAHYDROPSEUDOCUMÈNE C^9H^{16} $CH^3_1-C^6H^7=(CH^3)^2_{3.4}$

Campholène, [triméthyl 1.3.4 cyclohexène].

Ce carbure connu habituellement sous le nom de *campholène* se forme dans l'action de l'anhydride phosphorique sur l'acide campholique (3).

$$C^{10}H^{18}O^2 - H^2O = C^9H^{16} + CO$$

ou mieux sur son chlorure (4). La distillation de l'acide campholénique ou de son sel de chaux le fournit également (5).

Il bout à 134°, sa densité à 0° est 0,8115.

Il s'oxyde à l'air et donne avec l'acide sulfurique la réaction de M. Maquenne. Ce dernier agent le transforme en hexa-

---

(1) JAKOWKIN. *Journ. Soc. phys. chim. rus.* (2), *16*, 294.

(2) POTOCHIN. *Ibid.*

(3) DELALANDE. *Ann. chim. et phys.* (3), *1*, 125.

(4) GUERBET. *Ibid.* (7), *4*, 289.

(5) KACHLER. *Lieb. Ann.*, *162*, 266. — ZÜRRER. *Berichte*, *20*, 484. — BÉHAL, *Comptes Rendus*, *119*, 858.

hydropseudocumène et deux dicampholènes $(C^9H^{16})^2$ isomériques.

[Triméthyl 1.3.3 cyclohexène] C^9H^{16} ou $(CH^3)^3_{1.3.3} \equiv C^6H^7$

M. Knœvenagel (loc. cit.) a obtenu ce carbure en déshydratant par l'anhydride phosphorique le triméthyl 1.3.3 cyclohexanol 5.

Il bout à 139°-140°. Sa densité à 13° est 0,798. L'auteur le croit identique avec le *géraniolène* de MM. Tiemann et Semmler[1].

On classe encore dans cette série les nononaphtènes C^9H^{16} que M. Konowaloff a extraits des pétroles de Bâkou[2]. Ils bouillent respectivement à 131°-135° et à 135°-137°; on y place aussi, mais à tort semble-t-il, le tétrahydrocumène C^9H^{16} que M. Renard a retiré des huiles de résine et dont le point d'ébullition 155° est beaucoup trop élevé pour lui appartenir.

Tétrahydrocymènes $C^{10}H^{18}$

Parmi les nombreux carbures de formule $C^{10}H^{18}$, trois seulement paraissent appartenir d'une façon certaine à la série hydroaromatique. Ce sont : le menthène, le carvomenthène et la tétrahydrométaméthylisopropylbenzine. On citera à leur suite les hydrures de camphène qui se rapprochent des carbures hydroaromatiques par certaines propriétés et s'en éloignent par d'autres.

Menthène $CH^3_1—C^6H^8—CH_4=(CH^3)^2$

Menthomenthène, [méthyl 1. méthoéthyl 4. Δ¹ cyclohexène].

$$CH^3 - CH\langle\begin{matrix} CH^2 - CH \\ CH^2 - CH^2 \end{matrix}\rangle C - CH\langle\begin{matrix} CH^3 \\ CH^3 \end{matrix}$$

(1) *Berichte*, 26, 2727.
(2) *Journ. Soc. phys. chim. rus.*, 22, 131.

Il a été découvert par Walter dans les produits de la déshydratation du menthol, par l'anhydride phosphorique, par l'acide sulfurique (1) ou par le chlorure de zinc (2).

$$C^{10}H^{19}—OH - H^2O = C^{10}H^{18}$$

Le menthol tertiaire le fournit également sous l'influence des mêmes réactifs (3).

La constitution qu'on lui attribue dérive de celle que l'on suppose au menthol (page 53).

Il bout à 167°,4 ; sa densité est 0,8226.

Il fixe une molécule d'acide chlorhydrique, en donnant le composé $C^{10}H^{19}Cl$, identique à l'éther chlorhydrique du menthol (4).

Son bibromure est liquide et bout à 167°-172° sous 50 centimètres de pression (5). Son nitrosochlorure fond à 113°.

Le permanganate de potasse le transforme en glycol menthénique $C^{10}H^{18} = (OH)^2$.

Le menthène paraît être identique au carbure préparé par MM. Bouchardat et Lafont (6) en chauffant l'hydrate de terpine $C^{10}H^{18} = (OH)^2$ avec l'acide iodhydrique. Ce dernier carbure bout en effet à 167°-170° et sa densité est 0,837. Il fixe une molécule d'acide chlorhydrique en produisant un composé $C^{10}H^{19}Cl$ qui paraît identique au chlorure de menthyle.

Cette transformation de la terpine en un dérivé du menthol présente une grande importance, parce qu'elle rapproche les composés de la série du menthol, dont la constitution est connue, de ceux de la terpine et par conséquent des composés de la série camphénique.

---

(1) *Lieb. Ann.*, 32, 289.
(2) Brühl. *Berichte*, 25, 143.
(3) Baeyer. *Berichte*, 26, 2270.
(4) Arth. *Ann. chim. et phys.* (6), 7, 476.
(5) Berkenheim. *Berichte*, 25, 695.
(6) *Bull. Soc. chim.* (3), 1, 8.

CARVOMENTHÈNE $C^{10}H^{18}$

M. Baeyer qui l'a découvert lui attribue la formule :

$$CH^3 - C \begin{cases} CH - CH^2 \\ CH^2 - CH^2 \end{cases} CH - CH \begin{cases} CH^3 \\ CH^3 \end{cases}$$

ce serait donc le [*méthyl 1 méthoéthyl 4 Δ^1 cyclohexène*].

Il se forme, lorsqu'on déshydrate le carvomenthol $C^{10}H^{19}OH$ par l'anhydride phosphorique (1).

Il bout à 175°.

TÉTRAHYDROMÉTAMÉTHYLISOPROPYLBENZINE $C^{10}H^{18}$

$$CH^3_1—C^6H^8—CH_3(CH^3)^2$$

[*Méthyl 1. méthoéthyl 3 cyclohexène*].

Ce carbure a été préparé par M. Knœvenagel au moyen de l'alcool correspondant et de l'anhydride phosphorique (2).

Il bout à 169°-170° ; sa densité à 16° est 0,8197.

HYDRURES DE CAMPHÈNE $C^{10}H^{18}$

On en connaît deux :

Le premier a été obtenu par M. Berthelot (loc. cit.) en hydrogénant l'essence de térébentine par l'acide iodhydrique à 200°. Il est liquide et bout à 165°.

Le second a été préparé par M. de Montgolfier (3) en faisant réagir le sodium sur le monochlorhydrate de térébenthène. Il est cristallisé, fond à 120° et bout à 159-160°.

Ces deux carbures ne sont pas attaqués à froid par l'acide sulfurique, ni par l'acide nitrique, comme le sont d'ordinaire les carbures tétrahydroaromatiques.

---

(1) *Berichte*, 26, 824.
(2) *Lieb. Ann.*, 288, 357.
(3) *Ann. chim. et phys.* (5), 19, 145.

Carbures dihydroaromatiques.

(*Cyclohexadiènes*)

C^nH^{2n-4}

L'étude de ces carbures est encore bien incomplète et l'on n'en connaît qu'un très petit nombre. Il est probable cependant que certains terpènes $C^{10}H^{16}$ appartiennent à cette série. Les cas d'isomérie, prévus par la théorie, sont plus nombreux, encore pour ces carbures que pour les précédents.

Formation. — De même que les carbures tétrahydroaromatiques ont pu être obtenus, en enlevant une molécule d'hydracide aux dérivés monohalogénés des carbures hexahydroaromatiques, de même, l'enlèvement de deux molécules d'hydracide à leurs dérivés bihalogénés, donne naissance aux carbures dihydroaromatiques (1).

$$\underset{\text{Dibromocyclohexane}}{C^6H^{10}Br^2} - 2\,HBr = \underset{\text{Cyclohexadiène}}{C^6H^8}$$

C'est la seule méthode générale de préparation actuellement connue.

Propriétés. — Les carbures dihydroaromatiques sont des liquides incolores, insolubles dans l'eau, miscibles à l'alcool absolu et à l'éther. Ils possèdent une odeur de térébenthine.

Nous avons vu que les carbures tétrahydroaromatiques se comportent dans la plupart de leurs réactions comme les carbures éthyléniques, nous devons nous attendre, d'après leur origine, à voir posséder aux carbures dihydroaromatiques des propriétés analogues à celles qui caractérisent les carbures diéthyléniques. Il en est bien ainsi, en effet, et ces carbures fixent deux molécules de brome ou d'hydracides, pour donner des composés relativement saturés.

---

(1) Baeyer. *Berichte*, 25. 1840.

Ils se résinifient en absorbant l'oxygène, plus rapidement encore que les carbures tétrahydroaromatiques, et décolorent instantanément la solution alcaline de permanganate de potasse. Oxydés par l'acide nitrique étendu, certains d'entre eux se transforment dans les acides aromatiques correspondants.

Dihydrobenzine C^6H^8

[*Cyclohexadiène*]

Elle résulte du traitement de l'éther dibromhydrique de la quinite par la quinoléine à l'ébullition.

Elle bout à 85° et se résinifie à l'air comme le térébenthène.

Son tétrabromure $C^6H^8Br^4$ fond à 185°.

L'acide sulfurique la dissout en se colorant en bleu, réaction qui appartient aussi à un carbure camphénique, le *sylvestrène* $C^{10}H^{16}$.

Dihydrotoluène C^7H^{10} $C^6H^7—CH^3$

[*Méthylcyclohexadiène*].

Il se produit dans l'hydrogénation du toluène par l'iodure de phosphonium à 350° (1).

Il bout à 105°-108°.

Dihydroxylènes C^8H^{12} $CH^3—C^6H^6—CH^3$

[*Diméthylcyclohexadiènes*].

1° L'*isomère ortho*, appelé aussi *cantharène*, prend naissance, quand on fait bouillir avec la potasse alcoolique le produit de la réaction de l'acide iodhydrique sur la cantharidine (2).

$$C^{10}H^{12}I^2O^3 + 6\,KOH = C^8H^{12} + 2\,CO^3K^2 + 2\,KI$$

Il bout à 134°-135°. L'acide nitrique le transforme en acides orthotoluique et orthophtalique.

---

(1) Baeyer. *Lieb. Ann.*, *155*, 271.

(2) Piccard. *Berichte*, *11*, 2122 et *12*, 578.

2° *L'isomère méta* résulte de l'action du chlorure de zinc sur la méthylheptènone ([1]).

$$(CH^3)^2{=}C{=}CH{-}CH^2{-}CH^2{-}CO{-}CH^3 = H^2O + \begin{array}{l} CH^3{-}C = CH - CH^2 \\ \quad | \qquad\qquad\qquad | \\ CH{=}C(CH^3){-}CH^2 \end{array}$$

Méthylheptènone — Diméthyl 1.3 cyclohexadiène

Il bout à 132°-134° ; sa densité à 20° est 0,8275.

L'acide nitrique concentré le transforme en nitrométaxylène ; le mélange d'acides nitrique et sulfurique donne le trinitrométaxylène.

3° *L'isomère para* a été préparé par M. Baeyer ([2]) en faisant bouillir avec la quinoléine le dibromhydrate de diméthylquinite. $CH^3_1{-}C^6H^6Br^2{-}CH^3_4$.

Il bout à 133°-134° et possède une odeur de térébenthine.

Dihydroparadiéthylbenzine $C^{10}H^{16}$ $C^2H^5_1{-}C^6H^6{-}C^2H^5_4$

[*Diéthyl 1.4 cyclohexadiène*].

Il est obtenu d'une manière analogue au précédent (Baeyer).

Il bout à 180°-185°.

Dihydroparaméthylisopropylbenzine $C^{10}H^{16}$ ou $CH^3_1{-}C^6H^6{-}CH_4{=}(CH^3)^2$

[*Méthyl 1 méthoéthyl 4 cyclohexadiène*].

Ce carbure a été aussi préparé par M. Baeyer au moyen du dérivé bromé de la quinite correspondante.

Il bout à 174° et présente les propriétés générales du groupe.

Comme le précédent, il est isomérique avec les carbures camphéniques et présente avec ces carbures de si grandes analogies que M. Baeyer le regarde comme l'un d'eux.

On classe souvent encore parmi les carbures dihydroaromatiques le carbure C^9H^{14}, retiré par MM. Weidel et Ciamician ([3]) des huiles animales. Mais il n'est pas certain qu'il en fasse partie.

([1]) Wallach. *Lieb. Ann.*, *258*, 326.
([2]) *Berichte*, *25*, 2122.
([3]) *Berichte*, *13*, 72.

CHAPITRE IV

ALCOOLS

Le premier alcool hydroaromatique bien caractérisé fut découvert par M. Prunier en 1878 dans la *quercite* (1), isolée en 1849 par Braconnot (2). Carius, en 1865, avait bien déjà préparé la *phénose* (3) que quelques chimistes regardent comme un alcool hydroaromatique; mais encore aujourd'hui il subsiste des doutes sur sa constitution.

Plus tard M. Maquenne montra que l'inosite était aussi un alcool de cette série (4); enfin, les travaux de MM. Baeyer, Zelinsky, Knœvenagel, etc., firent connaître un grand nombre de ces alcools.

Ils peuvent être considérés comme se rattachant aux carbures hydroaromatiques, par le remplacement dans la molécule de ces carbures, d'un atome d'hydrogène, par un groupe oxhydryle OH.

On connaît actuellement des alcools correspondant aux cyclohexanes et aux cyclohexènes. Les alcools correspondant aux cyclohexadiènes sont inconnus.

Nous diviserons donc les alcools hydroaromatiques en deux classes : les *cyclohexanols,* les *cyclohexénols,* qui pourront com-

---

(1) *Ann. chim. et phys.* (5), *15*, 1.
(2) *Ibid.* (3), 27, 392.
(3) *Lieb. Ann.*, *136*, 323.
(4) *Ann. chim. et phys.* (6), *12*, 80.

prendre des alcools monoatomiques, diatomiques, polyatomiques.

La nomenclature de ces alcools est calquée sur celle des carbures correspondants.

Alcools hexahydroaromatiques monoatomiques

[*Cyclohexanols*].

$C^nH^{2n-1} — OH$

En dehors des cyclohexanols, dont la constitution est bien établie, on rangera encore dans ce groupe, un certain nombre d'alcools, dont on n'est pas encore parvenu à effectuer la synthèse et dont la constitution est encore incertaine, mais que leurs propriétés rattachent aux cyclohexanols. Tels sont les menthols et les tétrahydrocarvéols. Nous ne nous étendrons pas longuement à leur sujet, nous bornant à mentionner les réactions qui les rattachent à la série hydroaromatique.

Formation. — Ces alcools résultent en général de réactions analogues à celles qui produisent les alcools de la série grasse.

1° Les dérivés monohalogénés des carbures hexahydroaromatiques sont susceptibles de donner les alcools correspondants ou leurs éthers acétiques, lorsqu'on les traite par l'oxyde d'argent humide ou par les acétates alcalins et l'acide acétique; mais il se forme surtout dans ces réactions le carbure tétrahydroaromatique correspondant. Il est préférable, pour les obtenir, d'employer l'une des méthodes suivantes.

2° Les éthers monoiodhydriques des alcools diatomiques, comme la quinite et ses homologues, donnent les alcools monoatomiques correspondants, lorsqu'on les réduit par la poudre de zinc et l'acide acétique [1].

$$HOCH\left\langle\begin{matrix}CH^2—CH^2\\CH^2—CH^2\end{matrix}\right\rangle CHI + H^2 = OHCH\left\langle\begin{matrix}CH^2—CH^2\\CH^2—CH^2\end{matrix}\right\rangle CH^2 + HI$$

Ether iodhydrique de la quinite — Hexahydrophénol

(1) Baeyer. *Berichte*, *26*, 229.

3° La méthode de M. Friedel, qui permet de transformer les acétones en alcools secondaires, est applicable aussi à la préparation des alcools hexahydroaromatiques. La réaction s'effectue très bien, en faisant réagir le sodium sur la solution éthéroalcoolique de l'acétone, surnageant une solution concentrée de carbonate de potasse. Il se produit en même temps une certaine quantité de la pinacone correspondante(1).

$$C^nH^{2n-2}O + 2H = C^nH^{2n-1}OH$$

$$CO\begin{matrix} \diagup CH^2 - CH^2 \diagdown \\ \diagdown CH^2 - CH^2 \diagup \end{matrix}CH^2 + 2H = HOCH\begin{matrix} \diagup CH^2 - CH^2 \diagdown \\ \diagdown CH^2 - CH^2 \diagup \end{matrix}CH^2$$

Cyclohexanone — Cyclohexanol

Dans les mêmes conditions, les cyclohexénones $C^nH^{2n-4}O$ sont transformées, par fixation simultanée d'hydrogène sur le noyau, en cyclohexanols.

$$C^nH^{2n-4}O + 4H = C^nH^{2n-1}OH$$

$$CO\begin{matrix} \diagup CH^2 - CH \diagdown \\ \diagdown CH^2 - CH^2 \diagup \end{matrix}C - CH^3 + 4H = HOCH\begin{matrix} \diagup CH^2 - CH^2 \diagdown \\ \diagdown CH^2 - CH^2 \diagup \end{matrix}CH - CH^3$$

Méthylcyclohexénone — Méthylcyclohexanol

Mais, dans ce cas particulier, la réaction s'effectue avec plus de facilité, lorsqu'on fait réagir le sodium, sur la solution alcoolique de l'acétone(2).

4° Enfin, les chlorhydrates d'amines hexahydroaromatiques sont transformés, par ébullition avec le nitrite de soude, en alcools correspondants, réaction de tout point semblable à celle qui réussit dans la série grasse(3).

$$C^nH^{2n-1}AzH^2 + AzO^2H = C^nH^{2n-1}OH + Az^2 + H^2O$$

(1) Markonikoff. *Lieb. Ann.*, 302, 20.
(2) Knœvenagel. *Lieb. Ann.*, 297, 119.
(3) Markownikoff. *Lieb. Ann.*, 302, 20.

Propriétés. — Les alcools hexahydroaromatiques sont solides ou liquides à la température ordinaire et possèdent une odeur se rapprochant plus ou moins de celle du menthol.

Ils sont plus solubles dans l'eau que leurs isomères de la série grasse.

Leurs propriétés chimiques sont tout à fait analogues à celles des alcools saturés de cette série.

Ils donnent avec le sodium des alcoolates cristallisés; l'anhydride phosphorique leur enlève les éléments de l'eau et les transforme en carbures tétrahydroaromatiques correspondants. Leurs éthers iodhydriques, bromhydriques, chlorhydriques sont identiques aux dérivés iodés, bromés, chlorés des carbures hexahydroaromatiques correspondants.

Hexahydrophénol C^6H^{11}—OH

Oxyhexaméthylène, [*cyclohexanol*].

On l'obtient par les méthodes générales précédemment décrites. Quelque soit le procédé employé, il est nécessaire, pour dessécher complètement cet alcool, de le traiter par la baryte caustique, puis de le distiller.

Il cristallise en aiguilles fondant à 17°. Il bout à 160°,5; son éther acétique fond à 104°. Son éther bromhydrique identique au bromocyclohexane bout à 162°.

[Méthyl 1 cyclohexanol 2] CH^3_1—C^6H^{10}—OH_2

On l'obtient en réduisant l'acétone correspondante[1].

Il bout à 173°-174°. Son éther iodhydrique, chauffé avec l'acide iodhydrique, donne à la fois le méthylcyclohexane et le diméthylcyclopentane. Il ne donne, au contraire, que le premier de ces carbures quand on le réduit par le zinc et l'acide chlorhydrique.

---

(1) Zelinsky et Generosoff. *Berichte*, *29*, 729 et *30*, 1534.

[Méthyl 1.3 cyclohexanol] $CH^3_1—C^6H^{10}—OH_3$. — Il bout à 174°-175°. Sa densité à 0° est 0,91905 (Knœvenagel, *loc. cit.*).

[Diméthyl 1.3 cyclohexanol 2] $(CH^3)^2_{1.3} = C^6H^9 — OH_2$. — Il bout à 174°,5 (1).

[Diméthyl 1.3 cyclohexanol 5] $(CH^3)^2_{1.3} = C^6H^9 — OH_5$. — Point d'ébullition 187°-187°,5. Densité à 20° 0,9109 (Knœvenagel, *loc. cit.*).

[Triméthyl 1.3.3 cyclohexanol 2] $(CH^3)^3_{1.3.3} = C^6H^8 — OH_2$. — Point d'ébullition 190°-195°. Densité à 0° 0,9119 (2).

[Triméthyl 1.3.3 cyclohexanol 5] $(CH^3)^3_{1.3.3} = C^6H^8 — OH_5$. — M. Knœvenagel qui l'a découvert en a décrit deux isomères (3).

L'isomère *trans* fond à 34°,5, bout à 196°; sa densité à 40° est 0,8778.

L'isomère *cis* est liquide, bout à 202°-204°; sa densité à 40° est 0,8906.

[Diéthyl 1.3 cyclohexanol 2] $(C^2H^5)^2_{1.3} = C^6H^9 — OH_2$. — Il fond à 77°-78° et bout à 209°-211° (4).

Menthol symétrique. $C^{10}H^{20}O$ ou $CH^3_1—C^6H^9(OH)_5—C^3H^7_3$ [*Méthyl 1 méthoéthyl 3 cyclohexanol 5*]. — On l'appelle encore métaterpanol. Il bout à 226°-227° (5).

Menthol. $C^{10}H^{20}O$. $CH^3_1 — C^6H^9(OH)_3 — C^3H^7_4$

Menthol secondaire, l. menthol, camphre de menthe, oxyhexahydrocymène paraterpanol, [*Méthyl 1 méthoéthyl 4 cyclohexanol 3*].

Ce composé est connu depuis longtemps, il a été étudié par

(1) Zelinsky. *Berichte*, 28, 780.
(2) Zelinsky et Reformatsky. *Berichte*, 28, 2943.
(3) *Lieb. Ann.*, 297, 137.
(4) Zelinsky et Rudewitsch. *Berichte*, 28, 1341.
(5) Knœvenagel. *Loc. cit.*

un grand nombre de savants : Dumas (Ann. ch. et phys., (1), *50*, 232), Walter (ibid., (2), *72*, 83), Oppenheim (C. R., *57*, 360), Moriya (Journ. chem. Soc., mars 1881, *77*), Arth (Ann. ch. et phys., (6), 7, 433), Berthelot (ibid., (4), *20*, 254), Zunger et Clages (Berichte, *29*, 418), Beckmann et Eikelberg (ibid., *29*, 418).

On le rencontre avec des carbures camphéniques dans les essences de menthe. Celles de Chine et du Japon, provenant du *Mentha arvensis*, en sont particulièrement riches et le laissent déposer par refroidissement. Toutes ces essences renferment en outre l'acétone correspondante, la *menthone* $C^{10}H^{18}O$, qu'il est avantageux, pour sa préparation, de transformer d'abord en menthol comme l'a montré M. Beckmann (¹).

Formation. — 1° La menthone, réduite en solution éthérée par le sodium et l'eau, donne naissance au menthol

$$\underset{\text{Menthone}}{C^{10}H^{18}O} + 2H = \underset{\text{Menthol}}{C^{10}H^{19}-OH}$$

2° La *pulégone*, extraite de l'essence de menthe pouillot, produit par réduction d'abord la menthone, puis le menthol (²).

$$\underset{\text{Pulégone}}{C^{10}H^{16}O} + 2H^2 = \underset{\text{Menthol}}{C^{10}H^{19}-OH}$$

3° La menthylamine gauche, traitée par l'acide nitreux, donne le menthol (³).

$$\underset{\text{Menthylamine}}{C^{10}H^{19}AzH^2} + AzO^2H = \underset{\text{Menthol}}{C^{10}H^{19}-OH} + 2Az + H^2O$$

Propriétés. — Le menthol cristallise en prismes transparents. Il fond à 43° et bout à 213°. Peu soluble dans l'eau, il se dissout en abondance dans l'alcool, l'éther. Son pouvoir rotatoire est $\alpha_D = -59°,6$.

C'est un alcool secondaire. Oxydé par le mélange chromique, il se change en acétone correspondante la *menthone* $C^{10}H^{18}O$. L'anhydride phosphorique lui enlève une molécule d'eau et

(¹) *Jahr. Berichte*, *1887*, 1472.
(²) Beckmann et Pleissner. *Lieb. Ann.*, *262*, 32.
(³) Kishner. *Journ. Soc. phys. chim.*, 27, 474.

produit le *menthène* $C^{10}H^{18}$. Ce même carbure prend naissance en même temps que l'*hexahydrocymène* $C^{10}H^{20}$ et le *cymène* $C^{10}H^{14}$, lorsqu'on traite le menthol par l'acide sulfurique (1). L'action de l'acide iodhydrique sur le menthol produit aussi l'hexahydrocymène $C^{10}H^{20}$.

Oxydé par le permanganate de potasse, il est transformé en divers acides parmi lesquels on a pu isoler l'acide *oxymenthylique* $C^{10}H^{18}O^{3}$, l'*acide β pimélique* ou β *méthyladipique* $CO^{2}H—CH^{2}—CH(CH^{3})—CH^{2}—CH^{2}—CO^{2}H$.

La constitution du menthol, déjà indiquée par ces réactions, semble être définitivement établie par les réactions suivantes:

La menthone $C^{10}H^{18}O$, qui provient de son oxydation, donne avec le perchlorure de phosphore le dichlorure $C^{10}H^{18}Cl^{2}$ que l'on peut identifier avec le *dichlorohexahydrocymène*. La quinoléine lui enlève en effet une molécule d'acide chlorhydrique, en le transformant en un dérivé chloré $C^{10}H^{17}Cl$ qui, traité successivement par le brome et par la quinoléine, perd en deux fois quatre atomes d'hydrogène en donnant d'abord le *dihydrochlorocymène* $C^{10}H^{15}Cl$, puis le *cymène monochloré* $C^{10}H^{13}Cl$, identique à celui que fournit le *thymol* $C^{10}H^{13}—OH$, lorsqu'on le traite par le perchlorure de phosphore (2).

CH^3	CH^3	CH^3	CH^3
CH	CH	C	C
H^2C CH^2	H^2C CH^2	HC CH	HC CH
H^2C CO	H^2C CCl^2	HC CCl	HC COH
CH	CH	C	C
C^3H^7	C^3H^7	C^3H^7	C^3H^7
Menthone	Dichlorohexahydrocymène	Chlorocymène	Thymol

De plus, la *menthone* $C^{10}H^{18}O$ donne avec le brome la men-

(1) WAGNER. *Berichte*, 27, 1638.
(2) ZUNGER et CLAGES. *Berichte*, 29, 314.

thone bibromée $C^{10}H^{16}Br^2O$, que la quinoléine transforme en *thymol* $C^{10}H^{13}—OH$, en lui enlevant $2HBr$(1).

$$CH^3—CBr\langle{}^{CH^2—CO}_{CH^2—CH^2}\rangle CBr—C^3H^7 \qquad CH^3—C\langle{}^{CH—COH}_{CH=CH}\rangle C—C^3H^7$$

Menthone bibromée — Thymol

L'étude thermochimique du menthol vient encore rapprocher cet alcool des composés hydroaromatiques(2). Si l'on compare, en effet, les chaleurs de formation à partir des éléments des deux alcools isomériques : le menthol et l'allyldipropylcarbinol, pris tous deux à l'état liquide, on trouve pour le menthol environ. . . . . + 120c
et pour l'allyldipropylcarbinol. . . . . + 83c

Différence. . . . . + 37c

Or, la différence entre les chaleurs de formation de l'hexaméthylène normal et l'hexaméthylène cyclique est + 34c(3) ; elle est donc très voisine de la précédente.

Tetrahydrocarvéol. $C^{10}H^{20}O$ ou $CH^3—CH\langle{}^{CHOH—CH^2}_{CH^2—CH^2}\rangle CH—C^3H^7$

Carvomenthol. — [*Méthyl 1 méthoéthyl 4 cyclohexanol 2*].

Cet isomère du menthol dérive de la *carvone* $C^{10}H^{14}O$, acétone que l'on rencontre dans l'essence de carvi. Elle donne par réduction un alcool secondaire, le *dihydrocarvéol* $C^{10}H^{18}O$, dont la réduction indirecte produit le *tétrahydrocarvéol* $C^{10}H^{20}O$(4).

On le prépare en hydrogénant la *carvénone* $C^{10}H^{16}O$, que l'on obtient au moyen du *terpilénol* $C^{10}H^{18}O$ fondant à 35°, dérivé de l'hydrate de terpine(5).

(1) Beckmann et Eickelberg. *Berichte*, 29, 418.
(2) Berthelot. *Ann. chim. et phys.* (6), 14.
(3) *Ibid.* (7), 5, 532.
(4) Baeyer. *Berichte*, 24, 2558.
(5) Wallach. *Lieb. Ann.*, 277, 130.

Il présente une odeur analogue à celle de la fleur d'oranger. Il bout à 220°; sa densité à 23° est 0,900.

La constitution qu'on lui attribue, découle de celle qu'on donne à la *carvone* $C^{10}H^{14}O$ et qui résulte de la facile transformation de cette acétone sous l'influence de la potasse ou de l'acide phosphorique en son isomère le *carvacrol* $C^{10}H^{13}$—OH ou *cymophénol*.

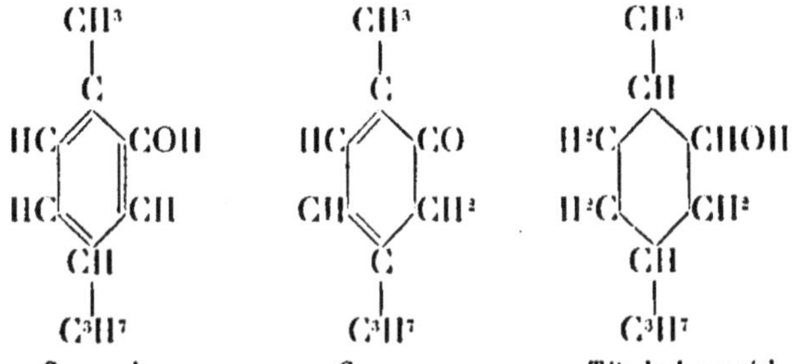

$$\begin{array}{ccc} CH^3 & CH^3 & CH^3 \\ | & | & | \\ C & C & CH \\ HC \quad COH & HC \quad CO & H^2C \quad CHOH \\ HC \quad CH & CH \quad CH^2 & H^2C \quad CH^2 \\ CH & C & CH \\ | & | & | \\ C^3H^7 & C^3H^7 & C^3H^7 \end{array}$$

Carvacrol — Carvone — Tétrahydrocarvéol

MENTHOL TERTIAIRE. $C^{10}H^{20}O$ ou $CH^3—CH\begin{cases} CH^2—CH^2 \\ CH^2—CH^2 \end{cases}C(OH)—C^3H^7$

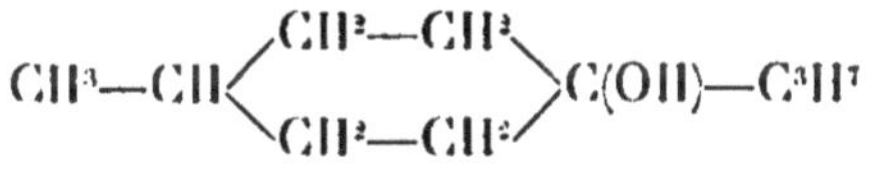

[*Méthyl 1 méthoéthyl 4 cyclohexanol 4*].

On le prépare au moyen du *menthène* $C^{10}H^{18}$ que l'on combine à l'acide iodhydrique. L'iodure ainsi obtenu $C^{10}H^{19}I$, est l'éther iodhydrique du menthol tertiaire.

On le transforme en éther acétique, et on saponifie ce dernier(1). Sa constitution dérive de celle du menthène. C'est un alcool tertiaire, car il perd facilement H^2O pour donner le menthène.

Il est liquide, possède l'odeur de la menthe et bout à 97°-101° sous 20^{mm} de pression.

---

(1) BAEYER. *Berichte*, 26, 2260.

CARVOMENTHOL TERTIAIRE. $C^{10}H^{20}O$ ou $CH^3—COH\langle{}^{CH^2—CH^2}_{CH^2—CH^2}\rangle CH—C^3H^7$

[*Méthyl 1 méthoéthyl 4 cyclohexanol 1*].

On l'obtient comme le précédent, mais en se servant du *carvomenthène* $C^{10}H^{18}O$ dérivé du *carvomenthol*.

Il est moins odorant que le précédent et bout à 96°-100° sous 17^{mm} de pression.

Un certain nombre d'alcools, qui se rattachent, comme les menthols et les carvomenthols, à la série camphénique, viendront sans doute par la suite s'ajouter aux alcools hydroaromatiques. Leur étude est encore trop incomplète pour qu'on puisse les classer dès maintenant parmi ces alcools.

Alcools hexahydroaromatiques diatomiques.

[*Cyclohexanediols*].

$$C^nH^{2n-2} = (OH)^2$$

Comme pour les alcools monoatomiques, nous rangerons, à la suite des alcools diatomiques hexahydroaromatiques, certains alcools, comme les terpines et le glycol menthénique, qui appartiennent à la série camphénique et dont les propriétés les rattachent nettement aux composés hydroaromatiques.

Formation. — 1° Les alcools diatomiques hexahydroaromatiques ou cyclohexanediols peuvent être préparés comme les cyclohexanols, en réduisant les acétones correspondantes : soit par le sodium et l'alcool, soit par l'amalgame de sodium et l'eau.

$$C^nH^{2n-4}O + 4H = C^nH^{2n-2}=(OH)^2$$

2° On les obtient encore en faisant réagir le permanganate de potasse sur les *cyclohexènes* correspondants [1].

$$C^nH^{2n-2} + O + H^2O = C^nH^{2n-2}=(OH)^2$$

---

[1] WAGNER. *Berichte*, *21*, 1231, 3346. — MARKOWNIKOFF. *Lieb. Ann.*, *302*, 21.

Cette méthode donne toujours naissance aux alcools diatomiques à oxhydryles voisins.

$$CH\begin{matrix} \diagup CH-CH^2 \diagdown \\ \diagdown CH^2-CH^2 \diagup \end{matrix}CH^2+O+H^2O=HOHC\begin{matrix} \diagup CH(OH)-CH^2 \diagdown \\ \diagdown CH^2 —— CH^2 \diagup \end{matrix}CH^2$$

Cyclohexène — Cyclohexanediol 1,2

QUINITE $C^6H^{10}=(OH)^2_{1,4}$

Glycol hexaméthylénique [Cyclohexanediol 1,4].

Elle a été découverte par M. Baeyer (¹) dans les produits de la réduction de la dicétone correspondante, le dicétohexaméthylène, qu'il avait préparée en décomposant par la chaleur l'*acide succinylsuccinique.*

$$CO\begin{matrix} \diagup CH^2-CH^2 \diagdown \\ \diagdown CH^2-CH^2 \diagup \end{matrix}CO+2H^2=CHOH\begin{matrix} \diagup CH^2-CH^2 \diagdown \\ \diagdown CH^2-CH^2 \diagup \end{matrix}CHOH$$

Dicétohexaméthylène — Quinite

On traite le dicétohexaméthylène par l'amalgame de sodium et l'eau, en maintenant la liqueur neutre au moyen d'un courant d'acide carbonique. On purifie l'alcool diatomique en le transformant en éther iodhydrique, puis en éther acétique que l'on peut faire cristalliser. Enfin, on saponifie cet éther.

Propriétés. — La quinite cristallise en croûtes solubles dans l'eau et l'alcool. Sa saveur est d'abord douce, puis amère. Elle fond à 145° et se sublime sans altération.

L'acide chromique la transforme en *benzoquinone*

$$OH_1—C^6H^{10}—OH_4 + 4O = O_1=C^6H^4=O_4 + 4H^2O$$

Quinite — Benzoquinone

Avec l'acide iodhydrique, elle donne d'abord son éther monoiodhydrique, le paraiodocyclohexanol $OH_1—C^6H^{10}—I_4$, puis son éther diiodhydrique, le paradiiodocyclohexane

(¹) *Berichte*, 25, 1037.

$I_1—C^6H^{10}—I_4$. On a vu que le premier dérivé sert à préparer le Δ^2 cyclohexanol $C^6H^{12}O$ et le cyclohexénol $C^6H^{10}O$ et que le second permet d'obtenir le cyclohexane C^6H^{12} et le cyclohexadiène C^6H^8.

Orthonaphtène glycol $OH_1—C^6H^{10}—OH_2$

[*Cyclohexanediol 1.2*]

Cet isomère de la quinite a été obtenu par M. Markownikoff (loc. cit.), en faisant réagir le permanganate de potasse sur la tétrahydrobenzine C^6H^{10}. La solution oxydante doit être ajoutée peu à peu, en évitant toute élévation de température. Après séparation du bioxyde de manganèse formé, on sature la solution par l'acide carbonique, et on l'agite à plusieurs reprises avec un mélange d'alcool et d'éther qui s'empare du glycol.

Il est très peu soluble dans l'éther, très soluble dans l'alcool, assez soluble dans l'eau.

Il fond à 99°-100° et se sublime déjà à 70°.

Diméthylquinite. $(CH^3)^2_{1.4}=C^6H^8(OH)^2_{2.5}$

[*Diméthyl 1.4 cyclohexanediol* 2.5].

Elle se prépare comme la quinite avec l'acétone correspondante [1].

Terpines

$$C^{10}H^{18}=(OH)^2 \text{ ou } CH^3—C(OH)\left\langle\begin{matrix}CH^2—CH^2\\CH^2—CH^2\end{matrix}\right\rangle CH—C(OH)\left\langle\begin{matrix}CH^3\\CH^3\end{matrix}\right.$$

On connaît aujourd'hui deux terpines dont M. Baeyer explique l'isomérie par les considérations stéréochimiques déjà développées. Il appelle *cisterpine,* la terpine connue depuis longtemps et *transterpine,* celle qu'il a découverte récemment [2].

---

(1) Baeyer. *Berichte*, 25, 230.

(2) *Berichte*, 26, 1865.

$C^3H^6(OH)\ H$ / C / H^2C — CH^2 / H^2C — CH^2 / C / HO CH^3

isterpine

$C^3H^6(OH)\ H$ / C / H^2C — CH^2 / H^2C — CH^2 / C / CH^3 OH

transterpine

CISTERPINE

Dihydrate de térébenthène, hydrate de terpilène, glycol térébenthénique.

Elle a été découverte en 1820 par Büchner, qui observa sa formation spontanée dans des flacons mal bouchés renfermant de l'essence de térébenthine.

Depuis, elle a été étudiée par un grand nombre de savants, à cause de ses relations avec l'essence de térébenthine.

Wiggers (1) et H. Saint-Claire Deville (2) ont indiqué le mode de préparation qui est encore employé aujourd'hui, et qui consiste essentiellement à abandonner à lui-même un mélange d'essence de térébenthine, d'alcool et d'acide nitrique.

Les terpilènes actif et inactif fournissent aussi l'hydrate de terpine suivant la réaction.

$$C^{10}H^{16} + 3H^2O = C^{10}H^{18}=(OH)^2 + H^2O.$$

On peut encore l'obtenir en partant du *cinéol* et du *terpilénol* $C^{10}H^{18}O$ qui résultent de sa déshydratation.

Enfin le *linalol* $C^{10}H^{18}O$ se transforme facilement en terpine, quand on le traite par l'acide sulfurique étendu (3).

$$\underset{\text{Linalol}}{C^{10}H^{18}O} + H^2O = \underset{\text{Terpine}}{C^{10}H^{20}O^2}$$

(1) *Lieb. Ann.*, 57, 247.
(2) *Ann. chim. et phys.* (3), 27, 80.
(3) TIEMANN et SCHMIDT. *Berichte*, 28, 213.

Le *géraniol* $C^{10}H^{18}O$, traité de même, donne aussi la terpine mais plus difficilement.

Propriétés. — Tous les procédés décrits plus haut fournissent l'hydrate de terpine $C^{10}H^{18}=(OH)^2 + H^2O$ qui devient anhydre à 100° ; elle fond alors à 105° et bout à 258°. Elle est dénuée de pouvoir rotatoire et se dissout dans l'eau et l'alcool.

La terpine se comporte comme un composé saturé et donne avec le perchlorure ou le perbromure de phosphore ou avec les hydracides, les éthers correspondants, qui sont identiques aux chlorhydrate, bromhydrate, iodhydrate de terpilène inactif [1]. Dans la réaction de l'acide bromhydrique sur la terpine, il se forme les deux isomères *cis* et *trans* du dibromhydrate de terpilène [2].

L'ébullition en présence de l'eau pure ou acidulée par les acides sulfurique, chlorhydrique, phosphorique, oxalique, donne naissance à un composé huileux le *terpinol,* qui est un mélange de *terpilénol inactif* $C^{10}H^{18}O$, de *terpilène inactif* $C^{10}H^{16}$, de *terpinène* $C^{10}H^{16}$ et de *cinéol* $C^{10}H^{18}O$ [3].

Chauffée avec l'acide iodhydrique à 100°, elle donne naissance à un iodure $C^{10}H^{19}I$, que l'ébullition avec une solution d'acétate de potasse dans l'acide acétique, transforme en un carbure, qui semble identique au *menthène* [4]. A 210°, le même réactif produit le carbure $C^{10}H^{20}$ qui paraît être l'hexahydrocymène [5].

Ces deux réactions permettent de supposer que la terpine est un dérivé de l'hexahydrocymène et cette hypothèse est appuyée par la nature de ses produits d'oxydation.

---

(1) List. *Lieb. Ann.*, 67, 370. — Deville. *Loc. cit.* — Oppenheim. *Bull. Soc. chim.*, 1862, 4, 85. — Berthelot. *Ann. chim. et phys.* (3), 38, 55 et 40, 41.

(2) Baeyer. *Berichte*, 26, 2864.

(3) Tilden, *Jahr. Bericht.*, 1878, 639. — Bouchardat et Voiry. *Comptes Rendus*, 106, 663 et *Ann. chem. et phys.* (6), 16, 251. — Wallach. *Lieb. Ann.*, 230, 253.

(4) Bouchardat et Lafont. *Bull. Soc. chim.* (3), 1, 8.

(5) Schtschukarow, *Berichte*, 23, 433, R.

L'acide nitrique étendu la transforme en effet en acides *térébique, paratoluique* et *teréphtalique,*

$$CO^2H - CH - CH^2 - CO \quad | \quad C(CH^3)^2 - O$$

Acide térébique

$$CO^2H - C \begin{matrix} \nearrow CH - CH \searrow \\ \searrow CH = CH \nearrow \end{matrix} C - CH^3$$

Acide paratoluique

$$CO^2H - C \begin{matrix} \nearrow CH - CH \searrow \\ \searrow CH = CH \nearrow \end{matrix} C - CO^2H$$

Acide teréphtalique

et l'acide chromique en acides *acétique* et *terpénylique.* La constitution de ce dernier acide a été établie par M. Wallach (1).

$$(CH^3)^2 = C - CH \begin{matrix} \nearrow CH^2 - CO^2H \\ \searrow CH^2 - CO \end{matrix} \quad \text{(C lié à O)}$$

Acide terpénylique

La transformation si nette du linalol en terpine par fixation d'une molécule d'eau, la rapproche encore de l'hexahydrocymène et rend très acceptable la constitution que M. Wagner a proposée pour cet alcool diatomique (2).

$$(CH^3)^2 = C = CH \begin{matrix} \nearrow CH^2 - CH^2 \searrow \\ CH^2 = CH \nearrow \end{matrix} C(OH) - CH^3 \quad + \quad H^2O$$

Linalol

$$= \quad (CH^3)^2 = COH - CH \begin{matrix} \nearrow CH^2 - CH^2 \searrow \\ \searrow CH^2 - CH^2 \nearrow \end{matrix} COH - CH^3$$

Terpine

Transterpine

M. Baeyer a montré qu'il existe deux chlorhydrates et deux bromhydrates de dipentène, qu'il regarde comme des isomères

(1) *Lieb. Ann.*, 259, 322.
(2) *Journ. Soc. phys. ch. rus.*, 1894, n° 7.

stéréochimiques *cis* et *trans* [1]. Les isomères *trans* sont les chlorhydrate et bromhydrate que l'on connait depuis longtemps. Traités en solution acétique par l'acétate d'argent, ils donnent l'acétate de transterpine que l'on saponifie par la potasse alcoolique.

La transterpine cristallise à l'état anhydre $C^{10}H^{18}{=}(OH)^2$ à l'inverse de son isomère cis. Elle fond à 156°-158° et bout à 263°-265°. Très soluble dans l'alcool, elle se dissout peu dans l'eau, l'éther ou l'acide acétique. Ses réactions chimiques sont de tout point semblables à celles de son isomère.

Glycol menthénique $C^{10}H^{18}{=}(OH)^2$

Cet isomère de la terpine résulte de l'action du permanganate de potasse sur le menthène $C^{10}H^{18}$ [2]

$$C^{10}H^{18} + O + H^2O = C^{10}H^{18}{=}(OH)^2$$

Il est cristallisé, fond à 77° et bout à 130° sous 13 millimètres de pression.

Alcools hexahydroaromatiques triatomiques.

Cyclohexanetriols.

$$C^nH^{2n-3}{\equiv}(OH)^3$$

Parmi les alcools triatomiques, on ne connait aujourd'hui que la *phloroglucite* qui appartienne d'une façon certaine à la série des composés hydroaromatiques. Quelques alcools triatomiques de la série camphénique peuvent cependant en être rapprochés, tel est l'alcool $C^{10}H^{17}{\equiv}(OH)^3$ qui résulte de l'action du permanganate de potasse sur le dihydrocarvéol $C^{10}H^{18}O$

---

(1) *Berichte*, 26, 2863.
(2) Wagner. *Berichte*, 27, 1636.

et que certains chimistes regardent comme le *trioxyhexahydrocymène* 2.8.9 (1). $CH^3{}_1$—$C^6H^7\equiv(OH)^3{}_{2.8.9}$—$C^3H^7{}_4$.

PHLOROGLUCITE $C^6H^9\equiv(OH)^3{}_{1.3.5}+2H^2O$

Trioxyhexaméthylène, [*cyclohexanetriol* 1.3.5].

On la prépare en réduisant la phloroglucine $C^6H^3\equiv(OH)^3$ au moyen de l'amalgame de sodium et de l'eau, en ayant soin de tenir la solution à peu près neutre par des additions répétées d'acide sulfurique (2).

$$\underset{\text{Phloroglucine}}{C^6H^3\equiv(OH)^3} + 6H = \underset{\text{Phloroglucite}}{C^6H^9\equiv(OH)^3}$$

La phloroglucite se sépare de sa solution aqueuse en cristaux rhomboïdaux renfermant deux molécules d'eau de cristallisation qu'elle perd à 85°. Elle fond alors à 184° et distille à haute température presque sans décomposition.

Elle est très soluble dans l'eau et l'alcool.

Alcools hexahydroaromatiques pentatomiques et hexatomiques.

[*Cyclohexanepentols*] et [*cyclohexanehexols*].

$C^nH^{2n-5}(OH)^5$ $\qquad$ $C^nH^{2n-6}(OH)^6$.

On ne connait pas encore d'alcool hydroaromatique tétratomique et la *quercite* est le seul alcool pentatomique que l'on puisse classer dans cette série.

QUERCITE $C^6H^7\equiv(OH)^5$

[*Cyclohexanepentol* 1.2.3.4]

Elle a été découverte par Braconnot en 1849 (3) ; Dessaigne

(1) WALLACH. *Lieb. Ann.*, 277, 152 ; 279, 386.
(2) WISLICENUS. *Berichte*, 27, 358.
(3) *Ann. chim. et phys.* (3), 27, 392.

la rapprocha de la mannite ([1]) et M. Berthelot la caractérisa comme un alcool ([2]). Un peu plus tard (1872) ce savant précisa sa fonction d'alcool pentatomique ([3]). Enfin, en 1878, elle fut étudiée par M. Prunier ([4]), qui montra ses rapports avec la série aromatique en la transformant, par déshydratation régulière en hydroquinone et par réduction en benzine.

Préparation. — On retire la quercite de l'extrait aqueux de glands de chêne, dont on fait fermenter la solution et que l'on traite ensuite par le sous-acétate de plomb. La liqueur, séparée par filtration du précipité formé, est privée du plomb qu'elle renferme par l'hydrogène sulfuré. On évapore au bain-marie et la quercite cristallise dans le liquide sirupeux obtenu. On la purifie en la faisant recristalliser dans l'alcool faible (Prunier).

Propriétés. — Elle se dépose ainsi en prismes rhomboïdaux obliques hémièdres, légèrement sucrés, très solubles dans l'eau, presque insolubles dans l'alcool absolu. $D_{13}=1,584$; $\alpha_D=+24°,17$. Elle fond à 225°; à 235°, perd de l'eau en se transformant d'abord en éther oxyde de la quercite $(OH)^4\equiv C^6H^7-O-C^6H^7\equiv(OH)^4$ puis en un oxyde analogue à l'oxyde d'éthylène la *quercitane* $O=C^6H^7\equiv(OH)^3$; enfin, à 280° elle donne de l'*hydroquinone* $C^6H^4=(OH)^2$, de la *quinone* $C^6H^4O^2$, de la quinhydrone et plusieurs autres composés.

L'acide iodhydrique bouillant à 127° la transforme en *benzine*, *quinone* et *hydroquinone*.

Elle donne, lorsqu'on la fond avec les hydrates alcalins de l'*hydroquinone* et les dérivés qui en dérivent : *pyrogallol*, acides oxalique, malonique, etc.

L'acide nitrique l'oxyde en produisant de l'acide mucique $CO^2H-(CHOH)^4-CO^2H$ et surtout de l'acide trioxyglutarique $CO^2H-(CHOH)^3-CO^2H$ ([5]).

([1]) *Ibid.* (3), *81*, 803.
([2]) *Ibid.* (3), *47*, 297.
([3]) *Traité de chimie organique*, 306.
([4]) *Ann. chim. et phys.* (5), *15*, 1.
([5]) Kiliani et Scheibler. *Berichte*, 22, 518.

Elle se comporte comme un alcool pentatomique : on connaît ses éthers pentacétique, pentabutyrique, pentachlorhydrique.

La formule de constitution qui lui est attribuée concorde bien avec toutes ces réactions.

Inosites $C^6H^6 \equiv (OH)^6$

[*Cyclohexanehexols*].

Les recherches de M. Maquenne (1) ont montré que les propriétés des inosites permettent de les regarder comme des alcools hexatomiques dérivés de l'hexahydrobenzine, et qu'il existe quatre inosites isomériques : les inosites *droite*, *gauche*, *racémique* et *inactive*. M. Berthelot (2), ayant répété sur ces inosites les expériences qu'il avait effectuées avec M. Jungfleisch (3), sur les acides tartriques, a montré que leur isomérie est de tout point analogue à celle de ces acides.

Inosite inactive

Inosine, phaséomannite, nucite, dambose, antiinosite, mésoinosite, inosite i.

L'inosite inactive non dédoublable est la plus anciennement connue. Elle a été découverte en 1850 par Scherer (4), dans le liquide musculaire ; on la rencontre encore dans les poumons, le foie, la rate, le cerveau des animaux (5). On l'a signalée dans l'urine des brightiques (Cloëtta) ainsi que dans l'urine de personnes saines après l'ingestion de grandes quantités d'eau (6). Un certain nombre de végétaux en renferment également, tels sont : les haricots verts, les feuilles de noyer et de frêne, le

---

(1) *Ann. chim. et phys.* (6), *12*, 80.
(2) *Bull. Soc. chim.* (3), *4*, 246.
(3) *Ann. chim. et phys.* (5), *4*, 147.
(4) *Lieb. Ann.*, *73*, 322.
(5) Cloetta. *Ibid.*, *99*, 289. — Müller. *Ibid.*, *103*, 140.
(6) Strauss et Kültz. *Fresenius Zeitsch. für anal.*, *16*, 135.

chou, les fruits non murs de la lentille, de l'acacia, de l'asperge ([1]). Elle existe aussi à l'état d'éthers méthyliques dans les caoutchoucs de Bornéo et du Gabon ([2]).

L'étude de ce composé est due surtout à M. Maquenne (loc. cit.).

Préparation. — On la retire de l'extrait aqueux des feuilles de noyer que l'on précipite d'abord par un lait de chaux, puis, après filtration, par l'acétate neutre de plomb. On filtre de nouveau. La liqueur limpide est alors additionnée d'acétate basique de plomb, puis d'ammoniaque, jusqu'à rendre sensible l'odeur de ce réactif. Le précipité formé est recueilli, délayé dans l'eau et traité par l'hydrogène sulfuré. On filtre et on évapore en consistance sirupeuse. On ajoute alors par petites portions 7 à 8 pour 100 d'acide azotique qui oxyde diverses substances. Après avoir laissé quelque temps le mélange au bain-marie, on précipite l'inosite par l'addition de 4 ou 5 volumes d'alcool à 90° et 1 volume d'éther.

L'inosite précipitée est purifiée par un nouveau traitement à l'acide nitrique et une nouvelle précipitation ; enfin on la fait cristalliser dans l'acide acétique (Tanret et Villiers ; Maquenne, loc. cit.).

Propriétés. — C'est un corps blanc, à saveur légèrement sucrée, très soluble dans l'eau, insoluble dans l'alcool absolu, l'éther et la benzine.

Au-dessus de 50°, elle cristallise anhydre de ses solutions aqueuses, tandis que les cristaux qui se forment à froid possèdent deux molécules d'eau de cristallisation (Tanret et Villiers). Anhydre, elle fond à 225° et bout dans le vide à 319° sans s'altérer. Elle est optiquement inactive et ne fermente pas sous l'influence de la levure de bière. Elle ne réduit pas la liqueur de Fehling, mais réduit l'oxyde d'argent ammoniacal en présence de la soude.

([1]) Vahl. *Lieb. Ann.*, *99*, 125. — Marmé. *Ibid.*, *129*, 222. — Tanret et Villiers. *Ann. chim. et phys.* (5), *23*, 389.

([2]) A. Girard. *Comptes Rendus*, *73*, 426 ; *77*, 995.

Chauffée à 170° avec de l'acide iodhydrique concentré, elle se transforme en benzine, phénol et phénol triodé.

L'acide azotique étendu l'oxyde à l'ébullition en produisant de l'acide oxalique en abondance. L'acide concentré et chaud donne en même temps la *dioxybenzoquinone* $C^6H^2(OH)^2O^2$, la *tétraoxybenzoquinone* $C^6(OH)^4O^2$ et l'acide rhodizonique $C^6(OH)^2O^2(O^2)$.

Avec le perchlorure de phosphore, elle donne de la *benzoquinone* et des *benzoquinones chlorées*.

Toutes ces réactions montrent bien que l'inosite doit être regardée comme un composé hydroaromatique.

On peut caractériser l'inosite par la réaction suivante, qui appartient cependant aussi à la *quercine* :

On arrose quelques fragments d'inosite avec quelques gouttes d'acide nitrique et l'on évapore à siccité. On répète une seconde fois la même opération ; on ajoute un peu de chlorure de calcium et on évapore une dernière fois, ce qui détermine l'apparition d'une belle coloration rouge (Scherer ; Tanret et Villiers, loc. cit.).

L'inosite est un alcool hexatomique et l'on connaît ses éthers trinitrique, hexanitrique, hexacétique. Son éther monométhylique découvert par A. Girard, a été nommé par lui *bornésite*.

Son éther diméthylique découvert par le même savant porte encore le nom de *dambonite*.

Inosite droite

Inosite β, matésodambose, inosite d.

Découverte par Aimé Girard sous le nom de matésodambose, elle a été reconnue pour l'inosite droite par M. Maquenne [1]. Elle résulte de la décomposition de son éther méthylique par l'acide iodhydrique bouillant à 127°.

$$CH^3O-C^6H^6-(OH)^5 + HI = CH^3I + C^6H^6-(OH)^6$$

(1) *Ann. chim. et phys.* (6), 22, 271.

Cristallisée dans l'alcool étendu, elle se présente en petits octaèdres anhydres. Elle se dépose, au contraire de ses solutions aqueuses chaudes, sous forme de prismes rhomboïdaux hémiédriques renfermant deux molécules d'eau de cristallisation, qui s'effleurissent à l'air et deviennent anhydres à 100°. L'inosite *d* fond alors à 247°. $\alpha_D = + 67°,5$.

Ses réactions chimiques sont identiques à celles de l'inosite *i*. Son éther méthylique a été découvert par M. Berthelot (1) dans la sève desséchée du *pinus lambertiana*. Elle reçut de lui le nom de *pinite*. Sa présence a été signalée ensuite dans un grand nombre de végétaux; elle est en effet identique à la *catharto-mannite* de Dragendorff et Kubly (2), à la *sennite* de Seidel (3), à la *matézite* de A. Girard (4).

Inosite gauche

Isonite l

Sa découverte est due à M. Tanret (5) qui l'a obtenue en dédoublant par l'acide iodhydrique son éther méthylique, la *québrachite*, extraite de l'écorce de l'*aspidosperma quebracho*.

Elle cristallise de ses solutions aqueuses en fines aiguilles renfermant deux molécules d'eau de cristallisation et de ses solutions alcooliques, à l'état anhydre, en prismes rhomboïdaux hémiédriques fondant à 247°. Elle bout dans le vide à 250°. $\alpha_D = -65°$. Ses propriétés chimiques sont identiques à celles de l'inosite inactive.

Inosite racémique

Inosite r, parainosite, racémoinosite.

MM. Maquenne et Tanret l'ont obtenue en faisant cristalliser

(1) *Ann. chim. et phys.* (3), *46*, 76 et *54*, 83.
(2) *Zeitschr. f. anal.*, 1866.
(3) *Thèse* de Dorpat.
(4) *Comptes Rendus*, 77, 995. — A. Combes. *Ibid.*, *110*, 46.
(5) *Bull. Soc. chim.* (3), *3*, 50.

une solution renfermant des poids égaux des deux inosites *d* et *l*. A l'état anhydre, elle fond à 253°. Elle est inactive sur le plan de la lumière polarisée.

QUERCINE $C^6H^6(OH)^6$

Quercinite.

Cet isomère de l'inosite a été découvert par MM. Vincent et Delachanal dans les eaux-mères de cristallisation de la quercite (1).

Elle se sépare de ses solutions chaudes en prismes monocliniques anhydres qui fondent vers 340°. Ses solutions froides la laissent déposer en prismes hexagonaux hydratés très efflorescents. Peu soluble dans l'eau, elle est insoluble dans l'alcool. Elle est inactive sur le plan de la lumière polarisée et non fermentescible.

Comme les inosites, elle ne brunit pas quand on la fait bouillir avec une solution de potasse ou avec les acides étendus. Elle ne réduit pas la liqueur de Fehling, mais bien le nitrate d'argent ammoniacal; elle ne se combine pas à la phénylhydrazine. Elle donne enfin la réaction de Scherer et ressemble beaucoup, comme on le voit, à l'inosite inactive.

PHÉNOSE $C^6H^{12}O^6$

L'étude de la phénose est encore bien incomplète et ses réactions ne permettent pas de savoir si elle se rattache vraiment aux composés hydroaromatiques, comme le fait supposer son mode de génération.

Elle a été préparée par Carius (2) au moyen de son éther trichlorhydrique qu'il obtint en faisant réagir l'acide hypochloreux sur la benzine.

$$C^6H^6 + 3\,HClO = (OH)^3{\equiv}C^6H^6{\equiv}Cl^3.$$

---

(1) *Comptes Rendus*, *104*, 1855.

(2) *Lieb. Ann.*, *136*, 323.

Cet éther, chauffé avec une solution de carbonate de soude se transforme en phénose.

Elle est amorphe et déliquescente. Très soluble dans l'eau et l'alcool, elle est insoluble dans l'éther. Sa saveur est sucrée. Elle se décompose quand on la chauffe au delà de 100° et brunit légèrement quand on la fait bouillir avec les alcalis ou les acides. Elle réduit légèrement la liqueur de Fehling, mais ne fermente pas sous l'action de la levure de bière.

L'acide nitrique la transforme en acide oxalique.

Ses propriétés l'éloignent comme on le voit des inosites et la rapprochent des matières sucrées proprement dites.

Alcools tétrahydroaromatiques.

[*Cyclohexénols*].

On ne connaît jusqu'ici qu'un seul représentant de cette classe, c'est le *tétrahydrophénol*, mais il n'est pas douteux que dans la suite, beaucoup d'autres alcools viendront s'y ajouter. On peut d'ailleurs y adjoindre plusieurs alcools de la série camphénique, comme les dihydrocarvéols et les terpilénols qui se rattachent aux composés hydroaromatiques au même titre que les terpines.

TÉTRAHYDROPHÉNOL C^6H^9—OH

[Δ^3 *Cyclohexénol*].

M. Baeyer (loc. cit.) l'a préparé en traitant par la quinoléine l'éther monoiodhydrique de la quinite I—C^6H^{10}—OH.

Il est liquide et bout à 163°.

Comme les autres dérivés tétrahydroaromatiques, il fixe une molécule de brome ou d'hydracide.

DIHYDROCARVÉOL $C^{10}H^{18}O$

Cet alcool se forme en hydrogénant la *carvone* $C^{10}H^{14}O$ au moyen du sodium et de l'alcool (1).

---

(1) WALLACH. *Lieb. Ann.*, 275, 111.

C'est un liquide incolore de densité 0,927, qui bout à 224°-225°. On lui connaît deux isomères optiques, l'un droit, l'autre gauche qui résulte du traitement des carvones correspondantes.

L'ébullition avec l'acide sulfurique étendu le transforme en *terpinène* $C^{10}H^{16}$. Ses relations avec la carvone le font considérer comme un dérivé d'un tétrahydrocymène $C^{10}H^{18}$.

Terpilénols $C^{10}H^{18}O$

Terpinéols.

On en connaît trois: les terpilénols droit, gauche et inactif.

Leur étude est due surtout à MM. Bouchardat et Lafont [1] et à M. Wallach [2]; on ne connaît pas leur constitution d'une manière certaine, cependant leurs réactions les rattachent si nettement à l'hydrate de terpine d'une part et à la carvone d'autre part, qu'on peut les regarder comme des dérivés d'un tétrahydrocymène $C^{10}H^{18}$.

Le *terpilénol inactif* est le plus anciennement connu et constitue en grande partie le mélange désigné autrefois sous le nom de *terpinol* et obtenu en distillant la terpine $C^{10}H^{16}=(OH)^2$ avec de l'eau acidulée.

$$C^{10}H^{16}=(OH)^2 - H^2O = C^{10}H^{17}(OH)$$

On peut le séparer en refroidissant le mélange qui le laisse alors déposer à l'état cristallin [3].

Il se forme par hydratation indirecte du terpilène inactif $C^{10}H^{16}$, en le combinant à l'acide acétique, puis saponifiant l'éther obtenu [4].

Il fond vers 32° et possède une odeur agréable.

---

(1) *Ann. chim. et phys.*, 6e série, *19*, 507.
(2) *Lieb. Ann.*, *275*, 104.
(3) Bouchardat et Voiry. *Comptes Rendus*, *114*, 996.
(4) Bouchardat et Lafont. *Loc. cit.*

Agité pendant deux jours avec de la benzine et de l'acide sulfurique à 5 pour 100, il redonne la *terpine* $C^{10}H^{18}(OH)^2$ (1).

Comme ce composé, les agents d'oxydation le transforment en divers produits parmi lesquels se rencontre l'*acide terpénylique* (2).

Il s'unit au chlorure de nitrosyle et le nitrosochlorure obtenu $Cl—C^{10}H^{17}(OH)—AzO$ perd facilement HCl en donnant l'oxyoxime correspondante $C^{10}H^{15}(OH)=AzOH$, que l'ébullition avec les acides étendus décompose en produisant la *carvone* et le *carvacrol* ou *cymophénol* $C^{10}H^{13}—OH$ (3).

Chauffé avec le bisulfate de potasse, il perd les éléments de l'eau en se transformant en *terpilène inactif* $C^{10}H^{16}$.

Le *terpilénol gauche* s'obtient en hydratant indirectement le térébenthène gauche (4). Son pouvoir rotatoire est voisin de $\alpha_D = -89°,3$.

Le *terpilénol droit* s'obtient comme le précédent en se servant du terpilène droit de l'écorce de citron.

Son pouvoir rotatoire est égal et de signe contraire à celui du terpilénol gauche.

Les propriétés des deux isomères actifs sont d'ailleurs identiques à celles du terpilénol inactif.

---

(1) Tiemann et Schmidt. *Bericht. der deutsch. chem. gess.*, 28, 1781.
(2) Wallach. *Ibid.*, 277, 118.
(3) Wallach. *Berichte der deutsch chem. gess.*, 28, 1773.
(4) Bouchardat et Lafont. *Loc. cit.*

CHAPITRE V

ACÉTONES

On connaît depuis longtemps quelques-unes de ces acétones; mais leur étude n'a pris un grand développement que dans ces dernières années.

Elles dérivent des carbures hydroaromatiques par la substitution, dans la chaîne de ces carbures, de un ou plusieurs groupements CH^2, par le même nombre de groupements carbonyle CO.

$$CH^2\langle\begin{matrix}CH^2 - CH^2\\ CH^2 - CH^2\end{matrix}\rangle CH^2 \qquad CO\langle\begin{matrix}CH^2 - CH^2\\ CH^2 - CH^2\end{matrix}\rangle CH^2$$

Hexahydrobenzine — Pimélone

A chacun des trois groupes de carbures hydroaromatiques étudiés plus haut, se rattachent des acétones *monoatomiques*, *diatomiques*, *polyatomiques* et des acétones *à fonction mixte*.

Nous les étudierons dans le même ordre que les carbures, c'est-à-dire que nous les diviserons en

Acétones hexahydroaromatiques.
— tetrahydroaromatiques.
— dihydroaromatiques.

Chacune de ces classes comprendra des

Acétones monoatomiques.
— diatomiques.
— triatomiques.

Les acétones alcools, à cause de leur petit nombre, seront étudiées en même temps que les acétones à fonction simple auxquelles elles se rattachent.

Il y a lieu aussi de comprendre parmi les acétones hydroaromatiques, celles dont le groupement fonctionnel CO est rattaché à un reste de carbure hydroaromatique. Elles sont très peu nombreuses et très peu importantes; il en sera parlé en traitant les acides hydroaromatiques dont les chlorures servent à les préparer.

La nomenclature des acétones hydroaromatiques est calquée sur celle des carbures et des alcools correspondants.

Acétones hexahydroaromatiques monoatomiques.

[*Cyclohexanones*].

$C^nH^{2n-2}O$

Dès 1874, M. Berthelot a reconnu la nature particulière de ces acétones. Les rapprochant du camphre des Laurinées dont elles possèdent beaucoup de propriétés, ce savant en a fait la classe des camphres à *carbonyles,* qui renferme, en outre, les acétones cycliques dérivées du pentaméthylène et de l'heptaméthylène [1].

La connaissance des acétones hexahydroaromatiques est due, surtout aux travaux de MM. Zelinsky, Wallach, Baeyer, Knœvenagel, etc.

Formation. — On les obtient :

1° En oxydant les alcools correspondants par le mélange chromique (Knœvenagel)

$$C^nH^{2n-1}—(OH) + O = H^2O + C^nH^{2n-2}O$$

2° En décomposant avec précaution, sous l'influence de la

(1) Traité de chim. organ. fondée sur la synthèse.

chaleur, les sels de chaux de l'acide pimélique et de ses homologues (¹).

$$CH^2\left\langle\begin{matrix}CH^2—CH^2—CO^2H\\CH^2—CH(CH^3)—CO^2H\end{matrix}\right. = CH^2\left\langle\begin{matrix}CH^2———CH^2\\CH^2—CH(CH^3)\end{matrix}\right\rangle CO + CO^2 + H^2O$$

Acide méthylpimélique — α méthylpimélone

3° Les dérivés nitrés des cyclohexanes, traités par la poudre de zinc et l'acide acétique, se transforment en cyclohexanones, en même temps qu'il se forme les amines correspondantes (²).

$$AzO^2—CH\left\langle\begin{matrix}CH^2—CH^2\\CH^2—CH^2\end{matrix}\right\rangle CH^2 + 2H^2 = CO\left\langle\begin{matrix}CH^2—CH^2\\CH^2—CH^2\end{matrix}\right\rangle CH^2 + AzH^3 + H^2O$$

Hexahydrobenzine nitrée — Pimélone

Les acétones produites dans cette réaction peuvent être séparées facilement du mélange par distillation à la vapeur. Comme elles sont solubles dans l'eau, on sature de sulfate de soude le liquide distillé et l'acétone vient surnager.

Propriétés. — Les cyclohexanones sont liquides, plus légères que l'eau dans laquelle elles sont un peu solubles. Elles jouissent, en général, des propriétés des acétones de la série grasse. Quelques-unes se combinent au bisulfite de soude, en donnant des combinaisons cristallisées, que l'ébullition avec le carbonate de soude décompose.

Elles s'unissent à l'hydroxylamine, à la phénylhydrazine, au semicarbazide.

Toutes sont réduites par l'hydrogène que dégage l'action du sodium sur l'alcool et transformées en alcools correspondants, les cyclohexanols.

$$C^nH^{2n-2}O + H^2 = C^nH^{2n-1}—OH.$$

Les agents d'oxydation les changent en acides bibasiques ayant le même nombre d'atomes de carbone.

$$C^nH^{2n-2}O + 3O = C^nH^{2n-2}O^4.$$

(¹) Zelinsky. *Berichte*, 28, 780.
(²) Markownikoff. *Lieb. Ann.*, 302, 18.

Elles s'unissent à l'acide cyanhydrique pour donner les nitriles des oxyacides correspondants.

$$C^nH^{2n-2}O + HCAz = CAz_1—C\,H^{2n-2}—(OH)_1.$$

Pimélone $C^6H^{10}O$

Cétohexaméthylène [*cyclohexanone*].

On l'obtient par les trois méthodes citées plus haut, au moyen de l'*hexahydrophénol* $C^6H^{11}—OH$, de l'*acide pimélique* $C^7H^{12}O^4$ ou de l'*hexahydrobenzine mononitrée* $C^6H^{11}—AzO^2$. Elle se forme encore lorsqu'on électrolyse une solution aqueuse de phénol additionnée de sulfate et de carbonate de magnésie (¹).

C'est un liquide incolore huileux, à odeur de menthe, qui bout à 155°. Sa densité à 0° est 0,962.

Elle se combine au bisulfite de soude. Son oxime et son hydrazone sont cristallisées et fondent, la première à 88°, la seconde à 75°. Cette hydrazone perd de l'ammoniaque sous l'influence des acides minéraux et se transforme en tétrahydrocarbazol $C^{12}H^{13}Az$. Sa semicarbazone fond à 166°-167°.

L'hydrogène naissant transforme la pimélone en hexahydrophénol $C^{10}H^{11}(OH)$.

Oxydée par l'acide nitrique, elle donne l'acide adipique $CO^2H—(CH^2)^4—CO^2H$.

Elle s'unit à l'acide cyanhydrique en produisant le nitrile de l'acide α oxyhexahydrobenzoïque $CAz_1—C^6H^{10}—OH_1$.

α Méthylpimélone $C^7H^{12}O$

Méthyl 2 cétohexaméthylène, [*méthyl 1 cyclohexanone 2*].

On l'a obtenue au moyen de l'acide α méthylpimélique $C^8H^{14}O^4$.

Elle bout à 166°, sa densité à 18° est 0,9246, sa semicarbazone fond à 198° en se décomposant (²).

(¹) Drechsel. *Journ. f. prack.* (2), *38*, 67.

(²) Zelinsky et Generosoff. *Berichte*, *29*, 729.

β Méthylpimélone $C^7H^{12}O$

Méthyl 3 cétohexaméthylène [*méthyl 1 cyclohexanone* 3].

On l'obtient en oxydant par le mélange chromique le méthylcyclohexanol correspondant $CH^3—C^6H^{10}—OH$ [1].

Elle se produit encore, en même temps que de l'acétone C^3H^6O dans la décomposition de la *pulégone* et de l'*isopulégone* $C^{10}H^{16}O$ chauffées à 250° [2].

Elle bout à 169°, sa densité est 0,9151, sa semicarbazone fond à 180° et son oxime à 42°.

Diméthyl 2.6 cétohexaméthylène $C^8H^{14}O$ [*Diméthyl* 1.3 *cyclohexanone* 2]. — Elle bout à 173°. Son oxime fond à 104° [3].

Diméthyl 3.5 cétohexaméthylène $C^8H^{14}O$ [*Diméthyl* 1.3 *cyclohexanone* 5]. — Elle bout à 181°. Sa densité à 17° est 0,8994 [4].

Triméthyl 2.3.6 cétohexaméthylène $C^9H^{16}O$ [*Triméthyl* 1.3.4 *cyclohexanone* 2]. — Elle bout à 190°; sa densité à 0° est 0,9129 [5].

Dihydroisophorone $C^9H^{16}O$ *Triméthyl* 3.5.5 *cétohexaméthylène* [*triméthyl* 1.3.3 *cyclohexanone* 5]. — Elle résulte de l'oxydation de l'alcool correspondant, le dihydroisophorol $(CH^3)^3_{1.3.3}—C^6H^8—OH$ [6].

Elle bout à 189°; sa densité à 15° est 0,8923.

Méthylisopropyl 3.5 cyclohexaméthylène $C^{10}H^{18}O$ [*Méthylméthoéthyl* 1.3 *cyclohexanone* 5] [7]. — Elle bout à 222°; sa densité à 18° est 0,9014.

Menthones

$$C^{10}H^{18}O \quad (CH^3)^2{=}CH—CH\left\langle\begin{matrix}CH^2—CH^2\\CO—CH^2\end{matrix}\right\rangle CHCH^3$$

On peut encore classer dans les cyclohexanones les *men-*

---

(1) Knœvenagel. *Lieb. Ann.*, 297, 134.
(2) Wallach. *Berichte*, 25, 3515 et 30, 1532.
(3) Zelinsky. *Berichte*, 28, 788.
(4) Knœvenagel. *Loc. cit.*
(5) Zelinsky et Reformatsky. *Berichte*, 28, 2943.
(6) Knœvenagel et Fischer. *Lieb. Ann.*, 297, 134.
(7) Knœvenagel. *Loc. cit.*

thones, qui se produisent lorsqu'on oxyde les menthols correspondants par le mélange chromique.

On en connaît deux isomères optiques, la menthone droite et la menthone gauche. Lorsqu'on les mélange, ils ne semblent pas entrer en combinaison pour donner un racémique. On les considère comme des *méthyl 1 méthoéthyl 4 cyclohexanones* 3, constitution qui résulte de celle admise pour les menthols.

Menthone gauche. — On la rencontre dans l'essence de menthe poivrée à côté du menthol, du menthène et des terpilènes (1); mais il est très difficile de l'en extraire. Aussi l'obtient-on en oxydant le menthol (2).

C'est un liquide incolore, à odeur de menthe, qui bout à 207°; sa densité à 20° est 0,896. $\alpha_D = -28°,18$.

Son oxime fond 59°. La menthone ne se combine pas au bisulfite de soude. Chauffée avec le formiate d'ammoniaque, elle donne la menthylamine $C^{10}H^{19}AzH^2$.

Le permanganate de potasse l'oxyde en donnant les mêmes produits que le menthol.

Menthone droite. — Elle se produit lorsqu'on laisse son isomère droit en contact avec l'acide sulfurique étendu ou la potasse alcoolique (Beckmann).

Ses propriétés sont identiques à celles de son isomère droit.

Acétones hexahydroaromatiques diatomiques.

[*Cyclohexanediones*].

$C^nH^{2n-4}O^2$

Ces acétones, d'après la définition donnée plus haut, peuvent être regardées comme dérivant du cyclohexaméthylène, par le remplacement de deux groupes CH^2 dans la chaîne de cet hydrocarbure par deux groupes carbonyle CO.

La théorie fait donc prévoir l'existence de trois isomères

---

(1) Schimmel. *Berichte*, 25, 617.

(2) Beckmann. *Lieb. Ann.*, 250, 325.

du dicétohéxaméthylène. On n'a pu préparer jusqu'ici que les isomères *méta* et *para* et quelques-uns de leurs homologues.

Ce sont : la *dihydrorésorcine* et ses homologues.

$$CH^2\left\langle\begin{matrix} CO - CH^2 \\ CO - CH^2 \end{matrix}\right\rangle CH^2$$

Dihydrorésorcine

La *tétrahydroquinone* et ses homologues.

$$CO\left\langle\begin{matrix} CH^2 - CH^2 \\ CH^2 - CH^2 \end{matrix}\right\rangle CO$$

Tétrahydroquinone

Formation. — La dihydrorésorcine et ses homologues prennent naissance dans les réactions générales suivantes :

1° La résorcine et ses homologues, traités par l'amalgame de sodium, fixent de l'hydrogène et se transforment en cyclohexanediones 1.3 [1].

$$\underset{\text{Résorcine}}{C^6H^3(OH)^2} + 2H = \underset{\text{Dihydrorésorcine}}{C^6H^8O^2}$$

2° Les éthers maloniques, condensés sous l'influence de l'alcool sodé avec les éthers éthylidèneacétylacétiques, donnent, après saponification et séparation simultanée d'acide carbonique, les homologues de la dihydrorésorcine [2].

$$\underset{\text{Ether éthylidène acétylacétique}}{\begin{matrix} C^2H^5CO^2-C=CH(CH^3) \\ | \\ CO-CH^3 \end{matrix}} + \underset{\text{Ether malonique}}{\begin{matrix} CH^2-CO^2C^2H^5 \\ | \\ CO^2.C^2H^5 \end{matrix}}$$

$$= \underset{\text{Ether méthyldihydrorésorcinedicarbonique}}{\begin{matrix} C^2H^5CO^2-CH-CH(CH^3)-CH-CO^2C^2H^5 \\ | \qquad\qquad | \\ CO - CH^2 - CO \end{matrix}} + C^2H^6O$$

---

(1) Merling. *Lieb. Ann.*, *278*, 28.

(2) Knoevenagel, *Lieb. Ann.*, *289*, 137 et *294*, 253.

$$C^2H^5CO^2—CH—CH(CH^3)—CH—CO^2C^2H^5 \quad (CO — CH^2 — CO) + 2\,H^2O$$

Ether méthyldihydrorésorcinedicarbonique

$$= CH^2—CH(CH^3)—CH^2 \quad (CO — CH^2 — CO) + 2\,C^2H^6O + 2\,CO^2$$

Méthyldihydrorésorcine

En substituant l'éther propylidèneacétylacétique à l'éther éthylidène acétylacétique, on obtient de même la diméthyldihydrorésorcine, etc.

La *tétrahydroquinone* et ses homologues se forment par les réactions suivantes, en partant des éthers succiniques :

1° L'éther succinique, traité par l'alcoolate de soude, donne naissance à l'éther succinylsuccinique [1].

$$C^2H^5 \cdot CO^2 — CH^2—CH^2 — CO^2 \cdot C^2H^5 + C^2H^5 \cdot CO^2 — CH^2—CH^2 — CO^2 \cdot C^2H^5$$

Ether succinique

$$= C^2H^5 \cdot CO^2 — CH\begin{matrix} CO — CH^2 \\ CH^2 — CO \end{matrix}CH — CO^2 \cdot C^2H^5 + 2\,C^2H^6O$$

Ether succinylsuccinique

2° L'éther succinylsuccinique ainsi produit est saponifié et perd en même temps de l'acide carbonique, lorsqu'on le fait bouillir avec l'acide sulfurique un peu étendu.

$$C^2H^5 \cdot CO^2 — CH\begin{matrix} CO — CH^2 \\ CH^2 — CO \end{matrix}CH — CO^2 \cdot C^2H^5 + 2\,H^2O$$

Ether succinylsuccinique

$$= CH^2\begin{matrix} CO — CH^2 \\ CH^2 — CO \end{matrix}CH^2 + 2\,C^2H^6O + 2\,CO^2$$

Tétrahydroquinone

---

(1) HERMANN. *Lieb. Ann.*, 211, 321.

En remplaçant dans ces réactions l'éther diéthylique de l'acide succinique par les éthers diéthyliques des acides succiniques substitués, on obtient les acétones homologues de la tétrahydroquinone, par exemple l'éther diéthylique de l'acide méthylsuccinique $C^2H^5{\cdot}CO^2{-}CH(CH^3){-}CH^2{-}CO^2{\cdot}C^2H^5$ donne naissance à la diméthyltétrahydroquinone $CH^3{}_1{-}C^6H^6O^2{-}CH^3{}_4$.

Les modes de formation et les propriétés des homologues de la dihydrorésorcine et de la tétrahydroquinone étant tout à fait analogues à ceux de ces diacétones, nous étudierons celles-ci avec détails et mentionnerons seulement les constantes physiques de leurs homologues.

DIHYDRORÉSORCINE $C^6H^8O^2$

Métadiacétohexaméthylène, [*cyclohexanedione* 1.3].

On obtient synthétiquement la dihydrorésorcine en faisant réagir l'alcool sodé sur l'éther éthylique de l'acide γ acétylbutyrique (1).

$$CH^2\begin{cases} CH^2 - CO^2 \cdot C^2H^5 \\ \qquad\qquad\qquad\quad CH^3 \\ CH^2 - CO \end{cases} = CH^2\begin{cases} CH^2 - CO \\ \qquad\qquad\quad CH^2 \\ CH^2 - CO \end{cases} + C^2H^5OH$$

Ether γ acétylbutyrique — Dihydrorésorcine

Préparation. — La dihydrorésorcine a été découverte par Merling, au moyen de la réaction qui sert encore à sa préparation. On réduit la résorcine en solution aqueuse bouillante par l'amalgame de sodium, en ayant soin de saturer l'alcali qui se forme par un courant continu d'acide carbonique.

La résorcine qui n'a pas été transformée, est enlevée ensuite au moyen de l'éther, puis la dihydrorésorcine tenue en dissolution à la faveur de l'alcali, est précipitée par l'addition d'un excès d'acide. Comme elle est assez soluble dans l'eau, on l'extrait en agitant le mélange avec de l'éther.

---

(1) VORLÆNDER. *Berichte*, 28, 2348.

Propriétés. — Elle cristallise dans la benzine ou le toluène en prismes incolores fondant à 106° en s'altérant. Elle est soluble dans l'eau et l'alcool, très peu soluble dans l'éther sec et dans le sulfure de carbone.

Sa solution aqueuse est colorée en violet par le perchlorure de fer; elle réduit le nitrate d'argent ammoniacal, mais non la liqueur cupropotassique.

La solution alcaline de permanganate de potasse se décolore instantanément à son contact avec formation *d'acide glutarique*, $CO^2H—(CH^2)^3—CO^2H$ et d'acide carbonique.

Elle se transforme en *acide γ acétylbutyrique*, lorsqu'on la chauffe à 150°-160° avec de l'eau de baryte, par une réaction inverse de celle qui lui donne naissance.

Elle se combine avec l'hydroxylamine en donnant une *dioxime* fusible à 154° et cristallisant avec deux molécules d'eau $AzOH_1 = C^6H^8 = AzOH_3$. Cette dioxime, réduite par l'amalgame de sodium et l'eau se transforme en *métadiamidohexaméthylène* $AzH^2_1—C^6H^8—AzH^2_3$.

Elle donne avec la phénylhydrazine une *hydrazone* et une *dihydrazone*.

Enfin, elle se combine avec une molécule d'acide cyanhydrique en produisant une dicyanhydrine, que l'acide chlorhydrique transforme en acide bibasique correspondant.

$$C^6H^8O^2 + 2\,CAzH = (OH)^2{=}C^6H^8{=}(CAz)^2,$$

$$(OH)^2{=}C^6H^8{=}(CAz)^2 + 2H^2O = (OH)^2{=}C^6H^8{=}(CO^2H)^2 + 2AzH^3$$

Dans les trois réactions précédentes, la dihydrorésorcine se comporte comme une diacétone.

Ses solutions aqueuses sont fortement acides aux réactifs colorés et décomposent les carbonates avec effervescence en donnant des sels cristallisés de soude, de baryte etc. Son sel d'argent $C^6H^7AgO^2$ réagit par double décomposition sur les iodures alcooliques, en produisant des éthers huileux, très instables et que l'eau décompose à la température ordinaire. On peut obtenir de même la substitution d'un reste d'acide à l'atome d'argent, en traitant la dihydrorésorcine argentique par les chlorures d'acides. Les combinaisons obtenues sont plus instables encore que les éthers précédents.

On sait que les β diacétones de la série grasse sont aussi susceptibles de subir ces réactions ; mais les composés formés sont alors beaucoup plus stables que les composés correspondants de la dihydrorésorcine. De plus, cette dernière se combine à l'isocyanate de phényle en donnant un phényluréthane fondant à 96°, réaction qui appartient aux alcools et aux phénols;

$$\underset{\text{Isocyanate de phényle}}{COAzC^6H^5} + C^6H^8O^2 = \underset{\text{Phényluréthane de la dihydrorésorcine}}{C^6H^7O - CO^2AzC^6H^5}$$

aussi attribue-t-on quelquefois à la dihydrorésorcine une fonction alcoolique.

$$CH^2 \begin{cases} CH^2 - CO \\ CH^2 - C(OH) \end{cases} CH$$

Cette formule qui renferme une liaison éthylénique s'accorde bien avec la propriété que possède la dihydrorésorcine de fixer deux atomes de brome ou une molécule d'acide chlorhydrique, et de décolorer instantanément les solutions alcalines de permanganate de potasse, car les composés hexahydroaromatiques ne possèdent pas ces propriétés, qui appartiennent au contraire aux composés hydroaromatiques à fonction éthylénique.

Certains chimistes admettent qu'il y a là un cas de *desmotropie*.

DIHYDROORCINE $C^7H^{10}O^2$ *Métaméthyldihydrorésorcine*, [*méthyl 1 cyclohexanedione* 3.5]. — Elle fond à 122°. Sa dioxime fond à 156° (1).

DIMÉTHYLDIHYDRORÉSORCINE $C^8H^{12}O^2$ [*Diméthyl* 1.1. *cyclohexanedione* 3.5]. — Elle fond à 150°. Elle n'est pas décomposée par

(1) KNŒVENAGEL. *Loc. cit.* — VORLÆNDER et KALKOW. *Berichte*, 30, 1801. — MERLING. *Lieb. Ann.*, 278, 28.

'eau de baryte même à 160°, ce qui la distingue de ses homologues inférieurs (1).

Phényldihydrorésorcine $C^{12}H^{12}O^2$ [*Phényl 1. cyclohexanedione 3.5*]. — Elle fond à 187°. Sa dioxime fond à 177° (2).

Tétrahydroquinone. $C^6H^8O^2$ $CO\!\left\langle\begin{matrix}CH^2-CH^2\\CH^2-CH^2\end{matrix}\right\rangle\!CO$

Paradicétohexaméthylène, [*cyclohexanedione* 1.4].

Elle a été découverte par Hermann (3) dans les produits de la décomposition pyrogénée de l'acide succinylsuccinique. M. Baeyer l'obtient plus facilement en chauffant l'éther succinylsuccinique avec l'acide sulfurique à peine dilué, comme il a été dit plus haut.

La tétrahydroquinone cristallise en prismes aplatis fusibles à 78°.

Elle réduit à froid le nitrate d'argent ammoniacal et à chaud la liqueur cupropotassique. Les solutions aqueuses brunissent à l'air en présence des alcalis.

Comme nous l'avons vu, elle donne la *quinite* lorsqu'on la traite par l'hydrogène naissant. Elle ne fournit pas de combinaisons métalliques comme le fait son isomère la dihydrorésorcine; mais elle s'unit comme elle à l'hydroxylamine en donnant une *dioxime* $C^6H^8\equiv(AzOH)^2$ fusible à 200° en s'altérant. On connaît aussi sa *dihydrazone* et sa *dicyanhydrine* $(OH)^2=C^6H^8=(CAz)^2$, que l'acide chlorhydrique transforme en acide *dioxyhexahydrotéréphtalique* $(OH)^2_{1.4}=C^6H^8=(CO^2H)^2_{1.4}$.

Toutes ces propriétés montrent le caractère diacétonique de la tétrahydroquinone.

Le brome la transforme très facilement en *bromanile* $C^6Br^4O^2$, ce qui la rattache nettement à la benzoquinone $C^6H^4O^2$.

---

(1) Knoevenagel, *Loc. cit.* — Vorlænder et Erig, *Lieb. Ann.*, 294, 314.
(2) Knoevenagel, *Loc. cit.*
(3) *Lieb. Ann.*, 211, 321.

Paradiméthylparadicétohexaméthylène $C^8H^{12}O^2$ [*Diméthyl 1.4 cyclohexanedione 2.5*] [1]. — Cette acétone fond à 93°.

MM. Zelinsky et Naumann [2] ont extrait des eaux-mères de sa préparation un composé fondant à 115°-117° qu'ils regardent comme son isomère stéréochimique.

Acétones hexahydroaromatiques triatomiques.

[*Cyclohexanetriones*].

$C^nH^{2n-6}O^3$

La *phloroglucine* $C^6H^6O^3$ se comporte dans beaucoup de ses réactions comme le ferait la cyclohexanetrione 1.3.5 (formule I);

$$CH^2\left\langle\begin{matrix}CO - CH^2\\CO - CH^2\end{matrix}\right\rangle CO \qquad\qquad CH\left\langle\begin{matrix}C(OH) - CH\\C(OH) = CH\end{matrix}\right\rangle C(OH)$$

I — II

mais le plus fréquemment, elle se conduit comme un phénol triatomique (formule II), ce qui la fait ordinairement ranger dans cette classe de composés avec ses isomères le pyrogallol et l'oxyhydroquinone. Pour M. Baeyer, la phloroglucine existerait sous deux états pseudomères, la forme phénol étant la forme instable.

Elle ne sera pas étudiée ici, où l'on se bornera à mentionner les réactions qui la rattachent aux cyclohexanetriones.

1° On la produit synthétiquement par des réactions qui donnent ordinairement des acétones.

En effet, l'éther malonique sodé chauffé à 120°-145° donne naissance à l'éther phloroglucine tricarbonique, que la fusion avec la potasse transforme en phloroglucine [3].

---

(1) Baeyer. *Berichte*, *25*, 2122.

(2) *Berichte*, *31*, 3206.

(3) Baeyer. *Berichte*, *21*, 1766 et *18*, 3457.

$$C^2H^5CO^2 - CH^2 - CO^2C^2H^5$$

$$C^2H^5CO^2 - CH^2 \diagdown \qquad \diagup CO^2C^2H^5$$

$$CO^2C^2H^5 \quad CH^2 - CO^2C^2H^5$$

3 mol. d'éther malonique

$$= C^2H^5CO^2 - CH \begin{cases} CO - CH - CO^2C^2H^5 \\ \qquad\qquad \rangle CO \\ CO - CH - CO^2C^2H^5 \end{cases} + 3\,C^2H^6O$$

Ether phloroglucino tricarbonique

De même, l'éther éthylique de l'acide acétone dicarbonique, chauffé à 140° en présence de l'alcool sodé avec l'éther éthylmalonique, donne naissance à l'acide phloroglucine dicarbonique [1].

Ether acétone dicarbonique

$$C^2H^5CO^2 - CH^2 \diagup CO - CH^2 \diagdown CO^2C^2H^5$$

$$C^2H^5CO^2 - CH^2 - CO^2C^2H^5$$

Ether malonique

$$= C^2H^5CO^2 - CH \begin{cases} CO - CH^2 \\ \qquad\qquad \rangle CO \\ CO - CH - CO^2C^2H^5 \end{cases} + C^2H^6O$$

Ether phloroglucinedicarbonique

2° La phloroglucine s'unit à trois molécules d'hydroxylamine en donnant une *trioxime*. Enfin, l'hydrogène naissant la transforme, comme il a été dit, en *phloroglucite*, alcool triatomique hexahydroaromatique $C^6H^9 \equiv (OH)^3$.

La TRIÉTHYLPHLOROGLUCINE préparée par A. Combes [2] se comporte comme la phloroglucine.

On l'obtient en condensant le chlorure de butyryle par le chlorure d'aluminium.

$$3\,C^2H^5 - CH^2 - COCl = C^2H^5 - CH \begin{cases} CO - CH - C^2H^5 \\ \qquad\qquad \rangle CO + 3HCl \\ CO - CH - C^2H^5 \end{cases}$$

Chlor. de butyryle — Triéthylphloroglucine

(1) *Berichte*, 29, 1117.
(2) *Bull.* (3), 11, 595.

Acétones tétrahydroaromatiques monoatomiques.

[*Cyclohexénones*].

$C^nH^{2n-4}O$

Ces acétones ont été découvertes dans ces dernières années par M. Knœvenagel et ses élèves([1]).

On peut y adjoindre la *pulégone* $C^{10}H^{16}O$ que l'on rencontre dans l'essence de menthe pouillot et son isomère l'*isopulégone*.

Formation. — Sauf ces deux dernières, elles ont toutes été préparées synthétiquement par la méthode suivante :

1° On fait réagir les éthers analogues à l'éther acétylacétique sur les iodures éthylidéniques comme l'iodure de méthylène ou l'iodure d'éthylidène. La réaction est provoquée par l'addition au mélange d'une base telle que la diéthylamine ou la pipéridine. Il se forme ainsi les éthers alkylidènediacétlylacétiques.

$$2C^2H^5{\cdot}CO^2{-}CH^2{-}CO{-}CH^3 + CH^2I^2 = \begin{array}{c} C^2H^5CO^2{-}CH{-}CO{-}CH^3 \\ | \\ CH^2 \\ | \\ C^2H^5{\cdot}CO^2{-}CH{-}CO{-}CH \end{array} + 2HI$$

Ether acétylacétique — Iod. de méthylène — Ether méthylènediacétylacétique

2° Ces éthers, traités par l'acide chlorhydrique, se transforment en éthers des acides *méthylcyclohexénonedicarboniques*

$$\begin{array}{c} C^2H^5{\cdot}CO^2{-}CH{-}CO{-}CH^3 \\ | \\ CH^2 \\ | \\ C^2H^5{\cdot}CO^2{-}CH{-}CO{-}CH^3 \end{array} - H^2O = \begin{array}{c} C^2H^5{\cdot}CO^2{-}CH{-}C{-}CH^3 \\ \quad | \qquad \| \\ \quad CH^2 \ \ CH \\ \quad | \qquad | \\ C^2H^5{\cdot}CO^2{-}CH{-}CO \end{array}$$

Ether méthylène diacétylacétique — Ether de l'acide méthylcyclohexénone-dicarbonique

3° Enfin ces derniers composés, saponifiés par les alcalis,

([1]) *Lieb. Ann.*, *289*, 131 ; *281*, 121 ; *288*, 355 ; *290*, 123 ; *297*, 134.

perdent de l'alcool et de l'acide carbonique suivant la réaction :

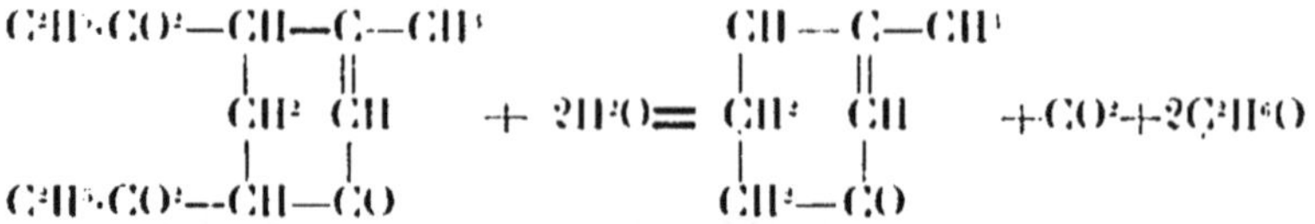

$$
\begin{array}{ccc}
C^2H^5{\cdot}CO^2-CH-C-CH^3 & & CH-C-CH^3 \\
\quad | \quad\; \| & & | \quad\; \| \\
CH^2 \;\; CH & + 2H^2O = & CH^2 \;\; CH \qquad + CO^2 + 2C^2H^6O \\
\quad | \quad\; | & & | \quad\; | \\
C^2H^5{\cdot}CO^2-CH-CO & & CH^2-CO
\end{array}
$$

Ether de l'acide méthylcyclohexénone-dicarbonique — *Méthylcyclohexénone*

Si, dans la première réaction, on remplace l'iodure de méthylène par les iodures d'éthylidène, de propylidène, etc., on obtient les acétones homologues.

Propriétés. — Ce sont des liquides huileux d'odeur agréable.

Elles s'unissent à l'hydroxylamine en donnant des oximes. L'hydrogène, résultant de l'action du sodium sur l'alcool à l'ébullition, les transforme en alcools hexahydroaromatiques correspondants :

$$C^nH^{2n-4}O + 4H = C^nH^{2n-1}OH$$

Elles fixent deux atomes de brome et les composés ainsi formés perdent facilement une molécule d'acide bromhydrique en donnant les phénols correspondants.

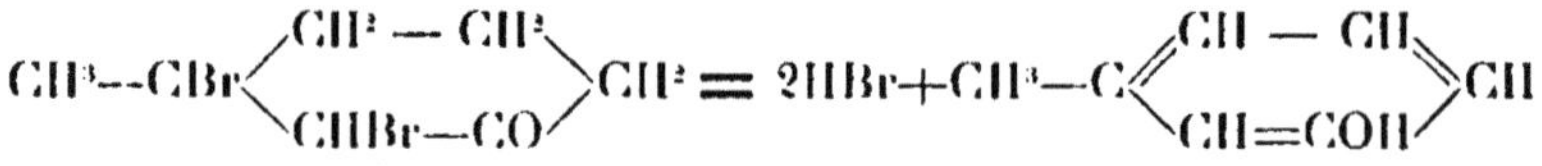

$$
CH^3-CBr\left<\begin{array}{l} CH^2-CH^2 \\ CHBr-CO \end{array}\right>CH^2 = 2HBr + CH^3-C\left<\begin{array}{l} CH-CH \\ CH=COH \end{array}\right>CH
$$

Dibromométhylcyclohexénone — *Métacrésylol*

[1 Méthyl Δ^1 cyclohexénone 3] $C^7H^{10}O$. — Elle bout à 200° ; sa densité est 0,9726 ; son oxime fond à 63° et bout à 130° sous 18 millimètres de pression.

Son dérivé dibromé n'est pas stable et donne, comme on l'a vu, le *métacrésylol* $CH^3_1-C^6H^3-OH_3$ [1].

[1.5 Diméthyl Δ^1 cyclohexénone 3] $C^8H^{12}O$. — Elle bout à 211° ;

---

(1) Knoevenagel. *Lieb. Ann.*, 288, 355.

sa densité à 20° est 0,9418. Son dibromure se transforme facilement en *xylénol symétrique* $(CH^3)^2_{3.5}=C^6H^3-OH$ (1).

ISOACÉTOPHORONE

[1.5.5 *Triméthyl* Δ^1 *cyclohexénone* 3] $C^9H^{14}O$.

$$(CH^3)^2=C\begin{cases}CH^2-CO\\CH^2-C=CH^3\end{cases}CH$$

L'isoacétophorone a été obtenue par M. Knœvenagel (2) en condensant, sous l'influence de l'alcool sodé, l'oxyde de mésityle avec l'éther acétylacétique. Il se produit ainsi un éther qui, saponifié par les alcalis, perd en même temps de l'acide carbonique et donne naissance à l'isoacétophorone.

$$\underset{\text{Oxyde de mésityle}}{CH^3-CO-CH=C(CH^3)^2} + \underset{\text{Ether acétylacétique}}{CH^3-CO-CH^2-CO^2C^2H^5}$$

$$= CH^3-CO-CH^2-C(CH^3)(CH^3)-CH(CO^2C^2H^5)-CO-CH^3$$

$$CH^3-CO-CH^2-C(CH^3)(CH^3)-CH(CO^2C^2H^5)-CO-CH^3 = \underset{\text{Isoacétophorone}}{CH^3-C(=CH-CO-CH^2)-CH^2-C(CH^3)(CH^3)}$$

Cette même acétone résulte de la condensation de l'acétone ordinaire sous l'influence de la chaux ou de l'alcool sodé.

Elle est isomérique avec la phorone, la phorone du camphre et l'isocamphorone.

Elle bout à 189° sous 18 millimètres de pression. Sa réduction produit le dihydroisophorol $C^9H^{17}-OH$ que l'anhydride phosphorique transforme en *triméthyltétrahydrobenzine*.

[1 MÉTHYL 5 MÉTHOÉTHYL Δ^1 CYCLOHEXÈNONE 3] $C^{10}H^{16}O$. — Elle bout à 244° ; sa densité est 0,939 (3).

---

(1) KNŒVENAGEL. *Ibid.*, *281*, 121.
(2) *Ibid.*, *297*, 134.
(3) KNŒVENAGEL. *Ibid.*, *288*, 357.

[1 Méthyl 5 méthopropyl Δ^1 cyclohexénone 3] $C^{11}H^{18}O$. — Point d'ébullition, 147° sous 20 millimètres de pression (Knœvenagel).

[1 Méthyl 5 hexyl Δ^1 cyclohexanone 3] $C^{13}H^{22}O$. — Point d'ébullition, 167° sous 22 millimètres de pression (Knœvenagel.).

Pulégone

$$C^{10}H^{16}O \quad CH^3—CH\begin{matrix} ⟋CH^2—CO⟍ \\ ⟍CH^2—CH^2⟋ \end{matrix}C{=}C{=}(CH^3)^2$$

La pulégone a été découverte par MM. Beckmann et Pleissner (1) dans l'essence de menthe pouillot. On la sépare par distillation fractionnée en recueillant les fractions qui passent à 130° sous 6 centimètres de pression. On la purifie en passant par la combinaison qu'elle donne avec le bisulfite de soude.

Elle se produit encore lorsqu'on agite longtemps son isomère l'isopulégone avec l'eau de baryte (2).

C'est une huile incolore à odeur de menthe, bouillant à 221°. Sa densité est 0,936. $\alpha_D = + 22°,89$.

Elle fixe une molécule d'acide bromhydrique et donne une oxime avec l'oxyammoniaque.

Les réducteurs la transforment en *menthol gauche* $C^{10}H^{20}O$.

Le permanganate de potasse, en l'oxydant, la dédouble en acétone $CH^3—CO—CH^3$ et *acide β méthyladipique* droit $CO^2H—CH^2—CH(CH^3)—CH^2—CH^2—CO^2H$ (3).

Chauffée avec l'eau ou avec l'acide formique à 250°, elle se transforme en *acétone* et *méthylcyclohexanone* (4).

---

(1) *Ibid.*, *262*, 1.

(2) Tiemann. *Berichte*, *30*, 22.

(3) Semmler. *Berichte*, *25*, 3515 et *26*, 774.

(4) Wallach. *Lieb. Ann.*, *289*, 337.

Isopulégone $C^{10}H^{16}O$

Cet isomère de la pulégone se forme lorsqu'on oxyde, par le mélange chromique, l'alcool correspondant l'*isopulégol* $C^{10}H^{18}O$. Elle paraît être un isomère stéréochimique de la pulégone [1]. L'isopulégol, en effet, résulte de la condensation du citronellol sous l'influence de l'anhydride acétique.

$$\begin{matrix} CH^3 \diagdown \\ \quad C{=}CH{-}CH^2{-}CH^2{-}CH(CH^3){-}CH^2{-}COH \\ CH^3 \diagup \end{matrix}$$

Citronellol

$$\begin{matrix} CH^3 \diagdown \\ \quad C{=}C{-}CH^2{-}CH^2{-}CH(CH^3){-}CH^2{-}CHOH \\ CH^3 \diagup \end{matrix}$$

Isopulégol

L'isopulégone se dédouble d'ailleurs comme son isomère en *acétone* et *méthylcyclohexanone*.

On peut rattacher à ces acétones les *carvones* :

Carvones $C^{10}H^{14}O$

On connaît les trois isomères droit, gauche, inactif. A part le pouvoir rotatoire, ils possèdent les mêmes propriétés et peuvent être regardés comme dérivant d'un dihydrocymène.

$$CH^3{-}C\begin{matrix} \diagup CH^2{-}CH^2 \diagdown \\ \diagdown\!\!\diagdown CH{-}CH \diagup\!\!\diagup \end{matrix}C{-}C^3H^7 \qquad CH^3{-}C\begin{matrix} \diagup CO{-}CH^2 \diagdown \\ \diagdown\!\!\diagdown CH{-}CH^2 \diagup\!\!\diagup \end{matrix}C{-}C^3H^7?$$

Dihydrocymène — Carvone

La position des doubles liaisons est encore indéterminée.

La carvone *droite* se rencontre dans les essences de *carum carvi* et d'*anethum graveolens*. Son pouvoir rotatoire est $\alpha_D = + 62^o$. La carvone *gauche* se trouve dans l'essence de *mentha viridis, mentha crispa, lindera fericia* du Japon. Son pouvoir

(1) Tiemann et Schmidt. *Berichte*, 27. 913.

rotatoire est $\alpha_D = -62°$. La carvone *inactive* résulte du mélange des deux.

On peut les obtenir au moyen des terpilènes $C^{10}H^{16}$, dont on prépare les nitrosochlorures qui sont identiques aux oximes des carvones correspondantes.

La constitution que l'on attribue à ces composés résulte des réactions suivantes :

La carvone se transforme en *carvacrol* ou *cymophénol* lorsqu'on la traite par l'hydrate de potasse ou les acides sulfuriques ou phosphoriques.

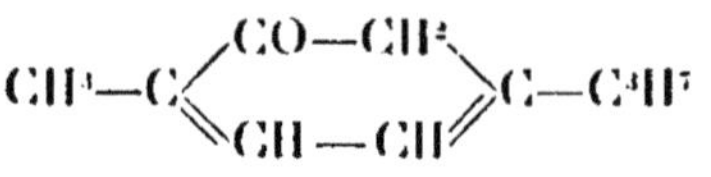

$$CH^3-C\begin{cases}CO-CH^2\\CH-CH\end{cases}C-C^3H^7 \qquad CH^3-C\begin{cases}COH=CH\\CH-CH\end{cases}C-C^3H^7$$

Carvone 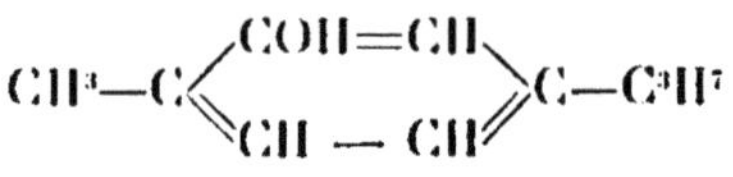 — Carvacrol

La carvoxime, traitée par l'acide sulfurique dans certaines conditions, donne l'*amidothymol* (1), réaction facile à expliquer après les recherches de Friedländer (2) et de Gattermann (3), montrant que les hydroxylamines aromatiques ne sont pas stables et se transforment en leurs isomères les paramidophénols.

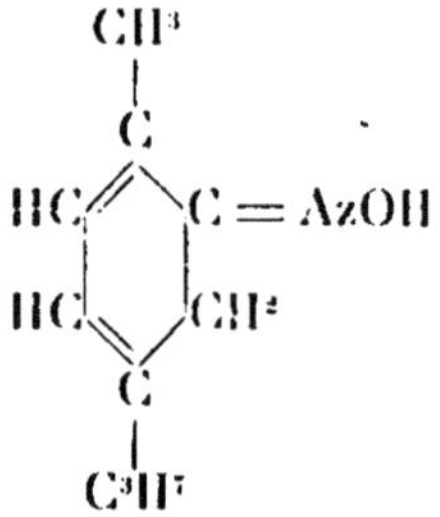

CH^3	CH^3	CH^3
|	|	|
C	C	C
HC ⁄ ╲ C = AzOH	HC ⁄ ╲ CAzH²O	CH ⁄ ╲ C — AzH²
HC ╲ ⁄ CH²	HC ╲ ⁄ CH	HOC ╲ ⁄ CH
C	C	C
|	|	|
C^3H^7	C^3H^7	C^3H^7
Carvoxime	Cymylhydroxylamine	Paraamidothymol

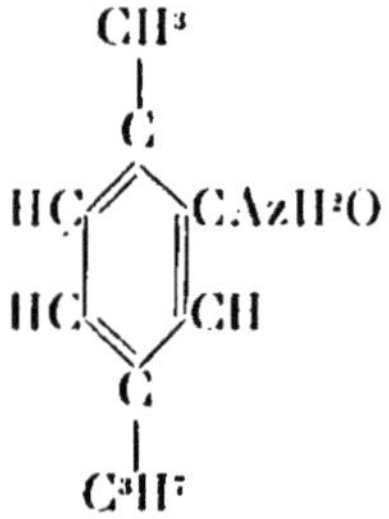

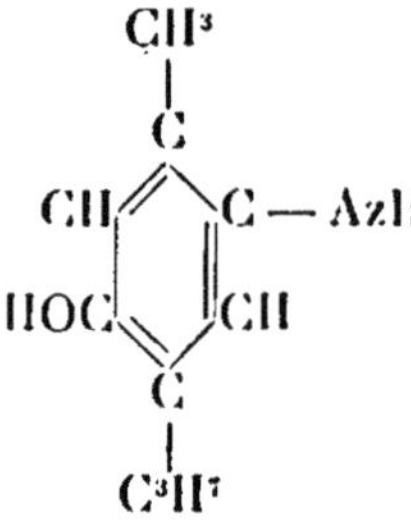

(1) WALLACH. *Lieb. Ann.*, 275, 369.
(2) *Berichte*, 26, 177 et 27, 192.
(3) *Ibid.*, 26, 1845 et 2812.

Acétones dihydroaromatiques diatomiques.

(*Cyclohexadiènediones*).

$C^nH^{2n-6}O^2$

On ne connait pas aujourd'hui de composés appartenant d'une façon certaine à cette classe d'acétones. Peut-être cependant la benzoquinone et ses homologues ainsi que l'orthoquinone en font-ils partie. Beaucoup de leurs propriétés les rapprochent en effet des acétones hydroaromatiques. Elles se rattacheraient aux carbures dihydroaromatiques par le remplacement de deux groupes CH^2 par deux groupes CO.

$$CH^2\left\langle\begin{matrix} CH = CH \\ CH = CH \end{matrix}\right\rangle CH^2 \qquad CO\left\langle\begin{matrix} CH = CH \\ CH = CH \end{matrix}\right\rangle CO$$

Paradihydrobenzine — Benzoquinone

$$CH\left\langle\!\!\left\langle\begin{matrix} CH - CH^2 \\ CH = CH \end{matrix}\right\rangle\right. CH^2 \qquad CH\left\langle\!\!\left\langle\begin{matrix} CH - CO \\ CH = CH \end{matrix}\right\rangle\right. CO$$

Orthodihydrobenzine — Orthoquinone

Les réactions qui tendent à faire considérer ces composés comme des diacétones hydroaromatiques sont les suivantes :

1° Beaucoup d'entre eux se produisent lorsqu'on chauffe avec une solution alcaline étendue les α diacétones. Tout d'abord deux molécules de diacétone s'aldolisent pour former un alcool triacétonique,

$$\underset{\text{Diacétyle}}{2CH^3-CO-CO-CH^3} = \underset{\text{Aldol du diacétyle}}{\begin{matrix} CH^3-C(OH)-CO-CH^3 \\ | \\ CH^2-CO-CO-CH^3 \end{matrix}}$$

puis, l'aldol ainsi produit, perd deux molécules d'eau et se change en une quinone (1).

(1) Von Pechmann, *Berichte*, 21, 1417.

$$\begin{matrix} CH^3-COH-CO-CH^3 \\ | \\ CH^2-CO-CO-CH^3 \end{matrix} = 2H^2O + \begin{matrix} CH^3-C-CO-CH \\ \| \qquad\qquad \| \\ CH-CO-C-CH^3 \end{matrix}$$

Aldol du diacétyle — Paraxyloquinone

2° Les quinones donnent des dioximes avec l'hydroxylamine.

3° Le paradicétohexaméthylène est transformé par l'action du brome, avec la plus grande facilité et déjà à la température ordinaire, en quinone tétrabromée.

$$CO\left\langle\begin{matrix} CH^2-CH^2 \\ CH^2-CH^2 \end{matrix}\right\rangle CO + 12Br = CO\left\langle\begin{matrix} CBr=CBr \\ CBr=CBr \end{matrix}\right\rangle CO + 8HBr$$

Paradicétohexaméthylène — Quinone tétrabromée

4° La quinone tétrachlorée $C^6Cl^4O^2$, traitée par le perchlorure de phosphore à 135°-140°, se transforme en parabichlorure de benzine hexachlorée C^6Cl^8, par une réaction commune à toutes les acétones [1].

$$CO\left\langle\begin{matrix} CCl=CCl \\ CCl=CCl \end{matrix}\right\rangle CO + 2PCl^5 = 2PCl^3O + CCl^2\left\langle\begin{matrix} CCl=CCl \\ CCl=CCl \end{matrix}\right\rangle CCl^2$$

Quinone tétrachlorée — Parabichlorure de benzine hexachlorée

5° La benzoquinone $C^6H^4O^2$ ou ses dérivés prennent naissance dans l'oxydation d'un certain nombre de composés hydroaromatiques : le *paradicétohexaméthylène* [2] ; la *quercite* [3]; la *quinite* [4] ; l'*inosite* [5].

Mais la benzoquinone et ses homologues possèdent des propriétés particulières qui les font classer dans un groupe spécial.

1° Ils résultent de l'oxydation d'un grand nombre de dérivés paradisubstitués de la benzine ou de ses homologues. En par-

---

(1) Barral. *Bull. Soc. chim.* (3), 13, 420.
(2) Baeyer et Noyes. *Berichte*, 22, 2170.
(3) Prunier. *Loc. cit.*
(4) Baeyer. *Loc. cit.*
(5) Maquenne. *Loc. cit.*

ticulier, l'*hydroquinone* ou paradioxybenzine fournit très facilement la benzoquinone.

$$\underset{\text{Hydroquinone}}{HO{-}C^6H^4{-}OH} \;+\; O \;=\; \underset{\text{Benzoquinone}}{O{=}C^6H^4{=}O} \;+\; H^2O$$

Inversement, les réducteurs transforment toujours la benzoquinone en hydroquinone. Ils ne permettent pas de fixer sur elle plus de deux atomes d'hydrogène et de la transformer dans le glycol qui lui correspondrait, si elle possédait réellement la fonction d'une diacétone.

2° La benzoquinone et ses homologues se comportent souvent comme des oxydants très actifs. Le chloranile ou quinone tétrachlorée est employé comme tel dans beaucoup de réactions. Aucune diacétone connue ne possède cette propriété et c'est pour la rappeler que M. Græbe a proposé en 1891 de représenter la benzoquinone par la formule suivante dans laquelle le groupement —O—O— est analogue à celui que possède l'eau oxygénée H—O—O—H :

```
  ⁄CH — CH⁀
 ⁄⁄          ⁀⁀
C — O  —  O — C
 ⁀          ⁄
  ⁀CH = CH⁄
```

Comme on le voit, si quelques propriétés des quinones les rapprochent des composés hydroaromatiques, d'autres les en éloignent. Aussi, nous ne les étudierons pas en détail.

CHAPITRE VI

ACIDES

Quelques-uns des acides hydroaromatiques sont connus depuis longtemps; mais la connaissance des faits qui les réunit en un faisceau homogène est toute récente. Elle est due principalement aux travaux de MM. Baeyer, Aschan, Markownikoff, Knœvenagel, etc.

Comme pour les autres groupes fonctionnels déjà étudiés, nous diviserons les acides hydroaromatiques en classes, suivant leur richesse relative en hydrogène.

Chacune de ces classes comprendra des acides à fonction simple monobasiques, bibasiques, polybasiques et des acides à fonction complexe : acides alcools, acides acétones, acides alcalis. Ces derniers seront étudiés à la suite des alcalis hydroaromatiques.

Acides hexahydroaromatiques monobasiques.

[*Acides hexaneméthyloïques*].

$$C^nH^{2n-1}—CO^2H$$

On appelle encore ces acides, *acides hexaméthylène carboniques, acides naphténiques.*

Un certain nombre d'acides isolés des pétroles de Bakou, que l'on croyait être des acides hexahydroaromatiques paraissent en être des isomères.

Ces acides naphténiques naturels sont peut-être des mélanges d'acides cyclohexanecarboniques avec leurs isomères les acides méthylcyclopentanecarboniques. Cette supposition est rendue vraisemblable par la présence simultanée dans les pétroles de Bakou des cyclohexanes et des cyclopentanes.

Formation. — On les obtient :

1° En réduisant les acides aromatiques correspondants au moyen du sodium réagissant sur leur solution dans l'alcool amylique bouillant(1).

$$C^nH^{2n-6}O^2 + 3H^2 = C^nH^{2n}O^2$$

Cette réduction peut encore être effectuée en traitant par l'amalgame de sodium la solution bouillante de leurs sels de soude dans l'eau. Il faut avoir soin de saturer constamment la soude qui se forme par un courant d'acide carbonique (2). La même méthode permet aussi d'obtenir les acides hexahydroaromatiques au moyen de leurs dérivés monobromés (3) ;

2° Certains d'entre eux résultent de la décomposition des acides hexaméthylène dicarboniques, qui perdent facilement de l'acide carbonique comme le fait l'acide malonique (4).

$$CH^2\left\langle\begin{matrix}CH^2-CH^2\\CH^2-CH^2\end{matrix}\right\rangle C\left\langle\begin{matrix}CO^2H\\CO^2H\end{matrix}\right. = CO^2 + CH^2\left\langle\begin{matrix}CH^2-CH^2\\CH^2-CH^2\end{matrix}\right\rangle CH-CO^2H$$

Acide hexamethylènedicarbonique 1.1. — Acide hexamethylènecarbonique

Propriétés. — Ce sont des acides faibles. Ils donnent des sels, des éthers, des amides.

Leurs dérivés monobromés s'obtiennent comme ceux des acides gras, en faisant réagir le brome sur leurs chlorures, ou bien en fixant de l'acide bromhydrique sur les acides tétrahy-

---

(1) Markownikoff. *Journ. Soc. phys. chim. russ.*, (2), *1*, 552 et *Berichte*, 25, 370, 3357.

(2) Aschan. *Berichte*, 24, 1864.

(3) Baeyer. *Lieb. Ann.*, 271, 261.

(4) Haworth et Perkin. *Journ. Chem. Soc.*, 65, 103.

droaromatiques correspondants. Le premier procédé donne les dérivés α, le second les dérivés β (1).

Chauffés en tubes scellés avec de l'acide iodhydrique et du phosphore, ils se transforment en carbures hexahydroaromatiques ayant le même nombre d'atomes de carbone (2).

Ils ne sont pas attaqués à froid par le permanganate de potasse et se transforment dans les acides aromatiques correspondants, lorsqu'on les chauffe à 180° avec le brome (3).

$$C^nH^{2n-1}CO^2H + 6\,Br = C^nH^{2n-7}CO^2H + 6\,HBr$$

Cette dernière transformation peut encore être effectuée par d'autres méthodes, qui semblent moins bien réussir (4).

Acide hexahydrobenzoïque $C^6H^{11}—CO^2H$

[*Acide cyclohexanecarbonique*].

Formation. — On l'obtient par l'un des procédés indiqués plus haut et aussi en réduisant par l'acide iodhydrique l'acide α *oxyhexahydrobenzoïque* $OH_1—C^6H^{10}—CO^2H_1$. Comme le nitrile de cet acide résulte de l'action de l'acide cyanhydrique sur le cétohexamétylène synthétique $C^6H^{10}O$, cette série de réactions constitue une synthèse totale de l'acide hexahydrobenzoïque (5).

L'acide *diméthylamidobenzoïque* $(CH^3)^2Az—C^6H^4—CO^2H$ le fournit également quand on le réduit par le sodium et l'alcool amylique (6).

Préparation. — On le prépare ordinairement par la méthode de M. Markownikoff :

On dissout 20 grammes d'acide benzoïque dans 500 grammes d'alcool amylique, puis on ajoute 50 grammes de sodium

---

(1) Aschan. *Lieb. Ann.*, 271, 265 et 275.
(2) Aschan. *Berichte*, 24, 2710.
(3) Einhorn et Willstätter. *Lieb. Ann.*, 280, 95.
(4) Baeyer. *Ibid.*, 269, 176; 258, 49. — Markownikoff. *Berichte*, 25, 3359.
(5) Bücherer. *Berichte*, 27, 1230.
(6) Einhorn et Meyenberg. *Berichte*, 27, 2829.

et l'on fait bouillir à reflux jusqu'à dissolution complète du métal. Le mélange refroidi est repris par l'eau, et l'alcool amylique qui vient surnager est lavé à plusieurs reprises. On obtient ainsi une solution alcaline que l'on sature partiellement par l'acide sulfurique, puis complètement par l'acide carbonique. Les acides dihydro et tétrahydrobenzoïques, que la liqueur renferme, sont alors détruits en ajoutant un excès de permanganate de potasse. On précipite ensuite, par l'acide sulfurique, l'acide hexahydrobenzoïque qui se trouve mélangé d'un peu d'acide benzoïque inaltéré. On l'en sépare en entraînant à la distillation par la vapeur d'eau l'acide hexahydrobenzoïque qui passe le premier.

Propriétés. — Il est cristallin, fond à 30° et bout à 232°. Insoluble dans l'eau, il se dissout dans l'alcool et l'éther. Ses sels de calcium, de baryum, de zinc et d'argent sont nettement cristallisés et se dissocient facilement sous l'action de la chaleur en acide et alcali ; de sorte que leurs solutions aqueuses deviennent nettement alcalines lorsqu'on les évapore.

Son amide fond à 185° ; son éther éthylique bout à 195°. Le chlorure de l'acide hexahydrobenzoïque réagit sur le zinc éthyle en donnant l'*hexahydropropiophénone* $C^6H^{11}—CO—C^2H^5$ (1) ; traité par la benzine et le chlorure d'aluminium, il donne l'*hexahydrobenzophénone* $C^6H^{11}—CO—C^6H^5$ (2).

Acide hexahydroorthotoluique $CH^3_1—C^6H^{10}—CO^2H_2$ [*Ac. méthyl* 1 *cyclohexane méthyloïque* 2]. — Il fond à 51° et bout à 241°. Son amide fond à 180° (3).

Acide hexahydrométatoluique $CH^3_1—C^6H^{10}—CO^2H_3$ [*Ac. méthyl* 1. *cyclohexane méthyloïque* 3]. — Liquide épais bouillant à 245°, de densité à 0° 1,0182. Son amide fond à 155° (4).

(1) Scharwin. *Berichte*, 30, 2862.
(2) V. Meyer et Scharwin. *Ibid.*, 30, 1940.
(3) Sernow. *Journ. J. prack.* (2). 49. 65.
(4) Markownikoff et Hagemann. *Ibid.* (2). 49, 71.

Acide hexahydroparatoluique $CH^3{}_1 — C^6H^{10} — CO^2H_4$ [*Ac. méthyl* 1. *cyclohexane méthyloïque* 4]. — On en connaît deux isomères : l'isomère α fond à 110° et bout à 246°-247° (1) ; l'isomère β est liquide et son amide fond à 177° (2).

Acide orthophénylhexahydrobenzoïque $C^6H^5{}_1—C^6H^{10}—CO^2H_2$ [*Ac. phényl* 1 *cyclohexane méthyloïque* 2]. — Il fond à 104°-105° (3).

Acide paraphénylhexahydrobenzoïque $C^6H^5{}_1—C^6H^{10}—CO^2H_4$ [*Ac. phényl* 1. *cyclohexane méthyloïque* 4]. — Il fond à 202° (4).

Acides hexahydroaromatiques bibasiques.

[*Acides cyclohexane diméthyloïques*].

$C^nH^{2n-2}=(CO^2H)^2$

L'étude de ces acides est due surtout à M. Baeyer et à ses élèves.

La plupart de ces acides s'obtiennent par les méthodes qui servent à préparer les acides hexahydroaromatiques monobasiques.

Acides hexahydrophtaliques $C^8H^{12}O^4$ ou $CO^2H—C^6H^{10}—CO^2H$

Grâce aux travaux de M. Baeyer, on connait presque tous les isomères que fait prévoir la théorie. Nous avons vu comment on les désigne (pages 12 et suiv.), il y a cependant lieu de remarquer avec M. Friedel (5) que la théorie permet de concevoir l'existence d'isomères optiques pour les acides

(1) Serebriakow. *Ibid.* (2), *49*, 76.
(2) Einhorn et Willstätter. *Lieb. Ann.*, *280*, 157.
(3) Kipping et Perkin. *Journ. Chem. Soc.*, *59*, 316.
(4) Rassow. *Lieb. Ann.*, *282*, 147.
(5) Dict. Wurtz, 2e suppl., *1*, 452.

trans hexahydroorthophtaliques et trans hexahydroisophtaliques. Ces isomères sont encore inconnus.

On n'obtient que très difficilement les acides hexahydrophtaliques par l'hydrogénation directe des acides phtaliques ; aussi vaut-il mieux, pour les préparer, hydrogéner leurs dérivés bromés, qui résultent de la fixation de l'acide bromhydrique sur les acides tétrahydrophtaliques.

Acides hexahydroorthophtaliques $CO^2H_1 — C^6H^{10} — CO^2H_2$

[*Ac. cyclohexanediméthyloïques* 1.2].

On en connaît deux isomères, qui prennent naissance simultanément, lorsqu'on réduit par l'amalgame de sodium l'acide Δ^1 tétrahydroorthophtalique (1).

Isomère trans. — Forme fumaroïde. — Cet isomère se produit encore :

1° Lorsqu'on chauffe à 240°-250° l'acide Δ^1 tétrahydroortophtalique avec l'acide iodhydrique (2) ;

2° Lorsqu'on réduit par l'amalgame de sodium les acides hexahydroorthophtaliques mono et bibromés (3).

Il cristallise dans l'eau en petits feuillets aplatis fusibles à 215°, et distille sans altération quand on le chauffe rapidement. L'action prolongée de la chaleur le transforme en anhydride de l'isomère *cis*.

On peut en obtenir l'anhydride en le faisant bouillir avec le chlorure d'acétyle (4). Cet anhydride fond à 140° et se transforme peu à peu sous l'action de la chaleur en son isomère *cis*.

Le dérivé bibromé 2.6. de l'acide hexahydroorthophtalique $C^8H^{10}Br^2O^4$ fond à 215°. Son dérivé bibromé 3.4 fond à 189°-190° (5).

---

(1) Baeyer. *Lieb. Ann.*, *166*, 350.
(2) Mizerski. *Berichte*, *4*, 558.
(3) Baeyer. *Lieb. Ann.*, *258*, 214.
(4) Astié. *Lieb. Ann.*, *258*, 216.
(5) Baeyer. *Ibid.*, *269*, 197.

Isomère cis. — *Forme maléinoïde.* — Il cristallise en prismes courts, plus solubles dans l'eau que les cristaux de son isomère *trans.* Il fond à 192° température inférieure au point de fusion de l'isomère *trans,* dans lequel il se transforme quand on le chauffe à 180° avec l'acide chlorhydrique concentré.

Son anhydride fond à 32° et bout à 145° sous 18 millimètres de pression. Ses sels de baryum et de zinc sont beaucoup moins solubles dans l'eau que les sels correspondants de son isomère, ce qui permet de les séparer.

Acides hexahydrométaphtaliques $CO^2H_1—C^6H^{10}—CO^2H_3$
[*Ac. cyclohexanediméthyloïques* 1.3].

Les deux isomères se forment simultanément :

1° Lorsqu'on décompose par la chaleur l'acide hexaméthylène tétracarbonique $(CO^2H)^2_{1.1}=C^6H^8O=(CO^2H)^2_{3.3}$ (1).

2° Lorsqu'on réduit l'acide isophtalique $C^6H^6O^4$ (2).

On les sépare l'un de l'autre en les transformant en sels de chaux ; le sel de l'isomère *cis* est beaucoup moins soluble que celui de l'isomère *trans.*

Isomère trans. — Il fond à 188° et se transforme sous l'influence de l'acide chlorhydrique dans son isomère *cis.* Chauffé avec l'anhydride acétique, il donne l'anhydride *cis.*

Isomère cis. — Beaucoup plus soluble dans l'eau que le précédent, il fond à une température moins élevée, 162°.

Chauffé avec l'acide chlorhydrique, il se transforme partiellement en isomère *trans.* Son anhydride fond à 119° et distille sans altération.

Acides hexahydrotéréphtaliques $CO^2H_1—C^6H^{10}—CO^2H_4$
[*Ac. cyclohexanediméthyloïques* 1.4].

Les isomères *cis* et *trans* sont connus.

---

(1) Perkin. *Journ. Chem. Soc.*, 59, 808.

(2) Villiger. *Lieb. Ann.*, 276, 259.

On les obtient :

1° En traitant par l'acide iodhydrique l'acide Δ^1 tétrahydro-téréphtalique [1] ou en réduisant par la poudre de zinc et l'acide acétique le produit d'addition de cet acide avec l'acide bromhydrique [2].

2° En chauffant à 200° — 220° l'acide hexaméthylène tétracarbonique $(CO^2H)^2_{1.1}{=}C^6H^8{=}(CO^2H)^2_{4.4}$ [3].

Isomère trans. — Il fond à 200° en se sublimant. Il est peu soluble dans l'eau. Chauffé avec 6 atomes de brome, il se transforme en acide teréphtalique $CO^2H_1—C^6H^4—CO^2H_4$ [4]. Son sel de baryte est très soluble dans l'eau, ce qui permet de le séparer de son isomère.

Isomère cis. — Il fond à 161° et se transforme, lorsqu'on le chauffe seul ou avec l'acide chlorhydrique, dans son isomère trans.

Acide αα hexaméthylène dicarbonique $CO^2H_1—C^6H^{10}—CO^2H_1$

[*Ac. cyclohexane diméthyloïque* 1.1].

L'éther diéthylique de cet acide prend naissance, lorsqu'on fait réagir le sodium sur un mélange d'éther malonique et de bromure de méthylpentaméthylène. La réaction est la suivante :

$$CH^2\left\langle\begin{matrix}CH^2—CH^2Br\\CH^2—CH^2Br\end{matrix}\right. + Na^2C\left\langle\begin{matrix}CO^2C^2H^5\\CO^2C^2H^5\end{matrix}\right. = 2NaBr + CH^2\left\langle\begin{matrix}CH^2—CH^2\\CH^2—CH^2\end{matrix}\right\rangle C\left\langle\begin{matrix}CO^2C^2H^5\\CO^2C^2H^5\end{matrix}\right.$$

Bromure de pentaméthylène — Ether malonique disodé — Ether hexaméthylène dicarbonique

Cet acide est cristallin et fond à 147° en se décomposant partiellement en acide carbonique et acide hexaméthylène carbonique, réaction tout à fait analogue à celle que subit dans les mêmes conditions l'acide malonique $CO^2H—CH^2—CO^2H$.

---

(1) Baeyer. *Berichte*, *19*, 1806.
(2) Baeyer. *Lieb. Ann.*, *258*, 214.
(3) Mackensie. *Journ. Chem. Soc.*, *61*, 175.
(4) Einhorn et Willstätter. *Ibid.*, *280*, 95.

Acides hexahydroaromatiques tétrabasiques.

[*Ac. cyclohexane tétraméthyloïques*].

$C^nH^{2n-4}(CO^2H)^4$

On ne connaît pas d'acides hexahydroaromatiques tribasiques et l'on n'a préparé que deux acides tétrabasiques.

ACIDE HEXAMÉTHYLÈNE TÉTRACARBONIQUE 1.1.3.3. $(CO^2H)^2_{1.1}=C^6H^8=(CO^2H)^2_{3.3}$

[*Ac. cyclohexane tétracarbonique* 1.1.3.3].

M. Perkin (1) a obtenu son éther :

1° En faisant réagir l'éther méthylène dimalonique disodé sur le bromure de triméthylène.

$$CH^2\langle{CNa(CO^2H)^2 \atop CNa(CO^2H)^2} + {BrCH^2 \atop BrCH^2}\rangle CH^2 = CH^2\langle{C(CO^2H)^2—CH^2 \atop C(CO^2H)^2—CH^2}\rangle CH^2 + 2NaBr$$

Ether méthylène dimalonique disodé — Bromure de triméthylène — Ether hexamétylène tétracarbonique

2° Dans l'action de l'éther triméthylène dimalonique disodé $(CO^2H)^2=NaC—(CH^2)^3—CNa=(CO^2H)^2$ sur l'iodure de méthylène CH^2I, réaction analogue à la précédente.

L'éther ainsi produit est ensuite saponifié par la potasse alcoolique.

L'acide se dépose de ses solutions aqueuses en cristaux prismatiques qui perdent de l'acide carbonique à 220° en se transformant en acides hexaméthylène dicarboniques ou acides hexahydroisophtaliques.

ACIDE HEXAMÉTHYLÈNE TÉTRACARBONIQUE 1.1.4.4. $(CO^2H)^2_{1.1}=C^6H^8=(CO^2H)^2_{4.4}$

[*Ac. cyclohexane tétracarbonique* 1.1.4.4].

M. Perkin l'obtient d'une manière analogue au précédent,

(1) *Journ. Chem. Soc.*, *59*, 803.

en préparant d'abord son éther au moyen de l'éther éthylène dimalonique disodé $(CO^2H)^2{=}CNa{-}CH^2{-}CH^2{-}CNa{=}(CO^2H)^2$ et du bromure d'éthylène $BrCH^2 - CH^2Br$.

Il fond à 152° et se transforme lorsqu'on le chauffe à une température plus élevée en acides hexahydrotéréphtaliques.

Acides hexahydroaromatiques hexabasiques.

[*Ac. cyclohexane hexaméthyloïques*].

$C^nH^{2n-6}(CO^2H)^6$

Les acides hexahydroaromatiques pentabasiques, sont encore inconnus; on connaît au contraire deux acides hexahydroaromatiques hexabasiques : les acides *cis* et *trans* hexahydromelliques.

Acides hexahydromelliques $(CO^2H)^3{\equiv}C^6H^6{\equiv}(CO^2H)^3$

Isomère cis. — On l'obtient en réduisant par l'amalgame de sodium l'acide mellique $(CO^2H)^3{\equiv}C^6H^3{\equiv}(CO^2H)^3$ (1).

Il se présente en cristaux indistincts très solubles dans l'eau et se transformant en son isomère *trans* lorsqu'on le chauffe à 180° avec l'acide chlorhydrique. Cette même transformation s'effectue lentement à la température ordinaire.

Isomère trans. — Il cristallise en prismes rectangulaires solubles dans l'eau. L'acide chlorhydrique le précipite de ses dissolutions aqueuses. Il se décompose avant de fondre.

Acides tétrahydroaromatiques monobasiques.

[*Ac. cyclohexène méthyloïques*].

$C^nH^{2n-3}CO^2H$

Les isoméries que présentent ces acides peuvent être prévues par les considérations développées aux généralités (page 13). La

(1) Baeyer. *Lieb. Ann. Spl.*, 7, 15.

position de la double liaison est désignée, comme on l'a dit, par l'adjonction au nom de l'acide de la lettre grecque Δ, suivie du chiffre correspondant à la position de cette double liaison dans la molécule.

Formation.— Deux méthodes générales permettent d'obtenir ces acides. Elles sont d'ailleurs analogues à celles qui permettent d'obtenir les acides monobasiques de la série grasse, possédant une liaison éthylénique.

1° On peut enlever une molécule d'acide bromhydrique aux acides hexahydroaromatiques monobromés :

$$C^nH^{2n-2}Br—CO^2H \quad - \quad HBr \quad = \quad C^nH^{2n-3}CO^2H$$

soit au moyen de la potasse alcoolique, soit au moyen de la quinoléine [1].

2° Ils se produisent encore lorsqu'on réduit à l'ébullition par l'amalgame de sodium, en présence d'un courant d'acide carbonique, les sels de soude des acides aromatiques, ou dihydroaromatiques [2].

$$C^nH^{2n-7}—CO^2H \quad + \quad 2\,H^2 \quad = \quad C^nH^{2n-3}—CO^2H$$

$$C^nH^{2n-5}—CO^2H \quad + \quad H^2 \quad = \quad C^nH^{2n-3}—CO^2H$$

Il ne se produit que fort peu d'acide hexahydroaromatique dans ces conditions.

Propriétés. — Ces acides ont une odeur rappelant un peu celle de la valériane. Ils sont peu solubles dans l'eau et s'oxydent à l'air avec facilité ; aussi doit-on les distiller dans un courant d'acide carbonique. Ils sont volatils avec la vapeur d'eau.

Ils fixent une molécule de brome en donnant les acides dibromohexahydrobenzoïques et une molécule d'acide bromhydrique en produisant les acides bromohexahydrobenzoïques.

---

(1) Aschan. *Lieb. Ann.*, *27*, 1267.
(2) Hermann. *Ibid.*, *132*, 75. — Einhorn. *Berichte*, *26*, 457.

La solution de leurs sels décolore immédiatement le permanganate de potasse en présence du carbonate de soude.

Chauffés en tubes scellés avec la quantité théorique de brome, ils se transforment en acides aromatiques correspondants.

$$C^nH^{2n-3}—CO^2H + 4Br = 4HBr + C^nH^{2n-7}—CO^2H$$

Les acides Δ^2 tétrahydroaromatiques se transforment en leurs isomères Δ^1, lorsqu'on les fait bouillir avec une solution concentrée de potasse [1]. La liaison éthylénique émigre en se rapprochant du groupe carboxyle CO^2H.

$$CH^2\langle{CH = CH \atop CH^2 - CH^2}\rangle CH - CO^2H \qquad CH^2\langle{CH^2 - CH \atop CH^2 - CH^2}\rangle C - CO^2H$$

Acide Δ^2 tétrahydrobenzoïque — Acide Δ^1 tétrahydrobenzoïque

Acide Δ^1 tétrahydrobenzoïque $C^6H^9—CO^2H$ [*Ac.* Δ^1 *cyclohexène carbonique*]. — En dehors des méthodes générales déjà indiquées, on obtient encore cet acide en saponifiant son éther éthylique, qui résulte de la décomposition pyrogénée de l'éther hexahydroanthranilique [2].

$$AzH^2—C^6H^{10}—CO^2C^2H^5 = C^6H^9—CO^2C^2H^5 + AzH^3$$

Acide hexahydroanthranilique

Cet acide se produit aussi lorsqu'on enlève HBr à l'acide α bromohexahydrobenzoïque, ce qui établit la position de la liaison éthylénique.

Il se présente en cristaux indistincts, peu solubles dans l'eau, fondant à 29°. Il bout à 240°-243°. Son éther méthylique bout à 194°. Son amide fond à 127°.

Acide Δ^2 tétrahydrobenzoïque $C^6H^9—CO^2H$. — Il est liquide, bout à 234°-235. Son éther méthylique bout à 188°. Son amide fond à 144° [3].

---

(1) Baeyer. *Lieb. Ann.*, 245, 133.
(2) Einhorn et Meyenberg. *Berichte*, 27, 2466.
(3) Hermann, Einhorn. *Loc. cit.*

Acide Δ[1] tétrahydrotoluique $CH^3—C^6H^8—CO^2H$. — Il fond à 132°, son amide à 151° et son bibromure à 153° (1).

Acides campholéniques $C^{10}H^{16}O^2$

On connaît deux acides campholéniques, l'un actif, l'autre inactif sur le plan de la lumière polarisée. Ils présentent une certaine importance à cause de leurs relations intimes avec le camphre, d'où ils dérivent par des réactions peu violentes et qui n'ont pas dû détruire le noyau de ce composé.

Nous ne les étudierons pas cependant avec détails, parce qu'il n'est pas démontré d'une manière certaine qu'ils soient des composés hydroaromatiques.

Ils se préparent tous deux au moyen de la camphoroxime que l'on transforme par déshydratation en nitrile campholénique.

$$C^{10}H^{16}{=}AzOH \;-\; H^2O \;=\; C^{10}H^{15}Az$$

Suivant les conditions de cette déshydratation, on obtient l'un ou l'autre des nitriles isomériques. Ces nitriles sont ensuite transformés par hydrolyse en acides correspondants.

Le mieux étudié de ces acides, l'acide campholénique inactif, est solide, fond à 52° et bout à 245° (2).

Chauffé en présence d'une trace de sodium, il se décompose en acide carbonique et campholène (3) ou *tétrahydropseudocumène* (4).

$$C^{10}H^{16}O^2 \;=\; CO^2 \;+\; C^9H^{16}$$

Chauffé en tubes scellés à 200° avec le brome, il donne naissance à l'*acide métaxylylacétique*, avec dégagement d'acide bromhydrique (5).

$$C^{10}H^{16}O^2 \;+\; 4\,Br \;=\; C^{10}H^{12}O^2 \;+\; 4\,HBr$$

---

(1) Einhorn et Willstätter. *Lieb. Ann.*, *280*, 163.
(2) Béhal. *Bull. Soc. chim.*, *13*, 841.
(3) Béhal. *Comptes Rendus*, *1894*, 800.
(4) Guerbet. *Ann. chim. et phys.* (7), *4*, 348.
(5) Guerbet et Béhal. *Comptes Rendus*, *122*, 1493.

Ces deux réactions semblent démontrer que l'acide campholénique inactif est un *acide tétrahydrométaxylylacétique*.

```
       CH³                      CH³                      CH³
        |                        |                        |
       CH                       CH                        C
H²C  /    \  CH²         H²C  /    \  CH²          HC  //    \  CH
H²C  \    // C — CH³     H²C  \    // C — CH³      HC  \    // C — CH³
         C                        C                         C
         |                        |                         |
     CH² — CO²H                  CH³                    CH² — CO²H
```

Acide campholénique — Campholène — Acide métaxylylacétique

Mais cette constitution est contredite par la nature de ses produits d'oxydation : les acides *isobutyrique, diméthylsuccinique dissymétrique* et *camphorique*.

Acides tétrahydroaromatiques bibasiques.

[*Ac. cyclohexène diméthyloïques*].

$$C^nH^{2n-6} = (CO^2H)^2$$

On ne connaît jusqu'ici dans ce groupe que les acides tétrahydrogénés des acides phtaliques. Ils s'obtiennent, en général par les méthodes employées à la préparation des acides monobasiques correspondants.

Comme pour ceux-ci, beaucoup d'entre eux sont transformés en leurs isomères, lorsqu'on les fait bouillir avec une solution concentrée de potasse.

Comme eux, ils décolorent instantanément la solution alcaline de permanganate de potasse.

Leurs éthers fixent une molécule de brome en donnant des bibromures généralement cristallisés.

Acides tétrahydroorthophtaliques $CO^2H_1—C^6H^8—CO^2H_2$

D'après la théorie, il pourrait exister quatre isomères de position suivant les situations des doubles liaisons ; de plus, lés deux isomères Δ^3 et Δ^4, dans lesquels aucun des groupements CO^2H n'est relié à une double liaison, pourraient exister sous deux formes stéréo-isomériques. Il y a donc six isomères possibles dont quatre sont connus. Les isomères qui répondraient à la position Δ^3 sont inconnus. Ajoutons d'ailleurs que les positions attribuées aux doubles liaisons dans les formules de ces acides ne sont pas établies d'une manière certaine.

```
       CO²H                 CO²H                 CO²H                  CO²H
        |                    |                    |                     |
        C                    CH                   CH                    CH
H²C//      \C—CO²H   H²C/      \\C—CO²H   H²C/      \CH—CO²H   H²C/      \CH—CO²H
   |        |           |       ||           |       |            |       |
H²C\      /CH²       H²C\      /CH        CH²\     //CH         CH\\     /CH²
        CH²                  CH²                   CH                    CH
        Δ¹                   Δ²                    Δ³                    Δ⁴
```

Isomère Δ^1. — Son anhydride prend naissance dans la distillation des deux acides hexahydropyromelliques isomériques[1].

$$(CO^2H)^2{=}C^6H^8{=}(CO^2H)^2 = C^6H^8\left\langle\begin{matrix}CO\\CO\end{matrix}\right\rangle O + 2\,CO^2 + H^2O$$

Cet anhydride est ensuite transformé en acide en le traitant par l'eau.

Il se dépose de ses solutions aqueuses en prismes monocliniques, renfermant une molécule d'eau de cristallisation. Anhydre, il fond à 120° en se transformant en anhydride dont le point de fusion est 74°.

Le permanganate de potasse alcalin le transforme en acide adipique $CO^2H{-}C^4H^8{-}CO^2H$, réaction intéressante en ce qu'elle permet d'attribuer la situation Δ^1 à la liaison éthylénique de cet acide dihydroaromatique. On sait, en effet, que l'oxydation des composés renfermant une liaison éthylénique

---

(1) Baeyer. *Lieb. Ann.*, *166*, 346.

amène, en général, la rupture de la chaîne à l'endroit de cette double liaison.

Isomère Δ^2. On l'obtient en faisant bouillir son isomère Δ^1 avec une solution concentrée de potasse. Il se forme encore, en même temps que l'isomère Δ^4, lorsqu'on réduit par l'amalgame de sodium l'acide phtalique $C^8H^6O^4$ ou l'acide Δ^{2-6} dihydrophtalique $C^8H^8O^4$ (1). Enfin, MM. Ciamician et Silber (2) l'ont obtenu en dédoublant l'acide sédanonique extraite de l'essence de céleri.

Il fond à 215° et se transforme en anhydride Δ^1 quand on le chauffe quelque temps à 220°. Son anhydride prend naissance dans son contact à froid avec le chlorure d'acétyle. Il fond à 78°-79°.

Isomère trans Δ^4. — On l'isole de son isomère Δ^2, qui se forme en même temps que lui comme on l'a vu plus haut, en abandonnant leur mélange 2 ou 3 jours au contact du chlorure d'acétyle. Ce réactif transforme en anhydride l'isomère Δ^2, sans altérer l'isomère Δ^4 qui peut être dissous dans une liqueur alcaline. Il est peu soluble dans l'eau d'où il se sépare en paillettes. Il fond à 215°-218°. Son anhydride fond à 140° et se transforme lorsqu'on le chauffe à 220° en anhydride de l'acide *cis* Δ^4.

Isomère cis Δ^4. — On peut le préparer au moyen de son anhydride ou bien en réduisant par l'amalgame de sodium l'acide $\Delta^{2,4}$ dihydrophtalique (3).

Beaucoup plus soluble dans l'eau que son isomère trans, il cristallise en aiguilles fondant à 174° et se transforme en ses isomères Δ^2 et trans Δ^4, lorsqu'on le fait bouillir avec une solution concentrée de potasse.

Son anhydride fond à 58°-59°.

---

(1) Baeyer, *Loc. cit.*
(2) *Berichte*, 30, 501.
(3) Baeyer, *Loc. cit.*

Acides tétrahydrotéréphtaliques $CO^2H_1—C^6H^8—CO^2H_4$

On connaît les trois isomères que permet de prévoir la théorie de M. Baeyer.

$$CO^2H—HC\left\langle\begin{array}{c}CH = CH\\ CH^2—CH^2\end{array}\right\rangle CH—CO^2H \qquad CO^2H—C\left\langle\!\!\left\langle\begin{array}{c}CH—CH^2\\ CH^2—CH^2\end{array}\right\rangle\right. CH—CO^2H$$

Δ² cis et trans — Δ¹

Isomères Δ². — Les deux isomères *cis* et *trans* se forment simultanément lorsqu'on réduit à froid par l'amalgame de sodium les acides $\Delta^{1.3}$ ou $\Delta^{1.5}$ dihydrotéréphtaliques [1].

L'isomère *trans* fond à 220°.

L'isomère *cis* fond à 155°. Il est beaucoup plus soluble dans l'eau que le précédent.

Isomère Δ¹. — Les deux acides précédents se transforment en acide Δ¹ lorsqu'on les fait bouillir avec les solutions alcalines concentrées.

Celui-ci fond au-dessus de 300° en se sublimant sans donner d'anhydride.

Les dérivés tétrahydrogénés de l'acide métaphtalique n'ont pas encore été étudiés.

Acides dihydroaromatiques.

Les acides dihydroaromatiques connus jusqu'à ce jour sont peu nombreux, ce sont les acides dihydrobenzoïque, dihydrocuminique et dihydrophtaliques.

Ils fixent deux molécules de brome et décolorent instantanément la solution alcaline de permanganate de potasse.

Comme les acides tétrahydroaromatiques, ils peuvent subir

---

1) Baeyer. *Lieb. Ann.*, *251*, 306.

des isomérisations nombreuses sous l'influence des solutions concentrées de potasse.

Acide $\Delta^{1.3}$ dihydrobenzoïque $C^6H^7—CO^2H$
[*Ac. $\Delta^{1.3}$ cyclohexadiène méthyloïque*].

Cet acide résulte de l'oxydation de l'aldéhyde correspondante par l'oxyde d'argent en liqueur alcaline (1).

Il fond à 94° et se transforme en acide benzoïque lorsqu'on le chauffe à une température plus élevée. Son amide fond à 105°. L'amalgame de sodium, en présence de l'eau, le transforme en acide Δ^1 tétrahydrobenzoïque, ce qui établit sa constitution.

Un autre *acide dihydrobenzoïque* se forme lorsqu'on enlève au moyen de la potasse alcoolique deux molécules d'acide bromhydrique à l'acide dibromo Δ^2 tétrahydrobenzoïque. On ne connaît pas la position de ses liaisons éthyléniques. Il fond à 73° (2).

Acide dihydrocuminique $C^3H^7_1—C^6H^6—C_4O^2H$

Il se produit, lorsqu'on fait agir au bain-marie l'acide sulfurique étendu sur l'*acide nopinique* $C^{10}H^{16}O^3$, trouvé par M. Baeyer dans les produits d'oxydation de l'essence de térébenthine (3).

Il fond à 130°-133° et se transforme en acide cuminique $C^3H^7_1—C^6H^4—CO^2H_4$, lorsqu'on l'oxyde par le permanganate de potasse ou par le ferricyanure de potassium en liqueur alcaline.

Acides dihydroorthophtaliques $CO^2H_1—C^6H^6—CO^2H_2$
[*Ac. cyclohexadiène diméthyloïques* 1.2].

D'après la théorie de M. Baeyer, on peut concevoir l'existence de six isomères de position. Quatre seulement sont

---

(1) Einhorn. *Berichte*, 21, 2888 ; et 26, 454.
(2) Aschan. *Berichte*, 24, 2623.
(3) *Berichte*, 29, 1926.

connus que ce savant regarde comme les isomères $\Delta^{1.4}$; $\Delta^{2.4}$; $\Delta^{2.6}$; $\Delta^{3.5}$; de plus, l'isomère de position $\Delta^{3.5}$ est connu sous les deux formes *cis* et *trans*. Tous ces acides s'obtiennent par des méthodes analogues à celles qui permettent de préparer les acides tétrahydrophtaliques.

Isomère $\Delta^{1.4}$. $CO^2H—C\begin{matrix} \diagup CH^2 — CH \diagdown \\ \diagdown C(CO^2H)—CH^2 \diagup \end{matrix}CH$

Il fond à 153° et se transforme en anhydride lorsqu'on prolonge l'action de la chaleur. Cet anhydride fond à 134°. La solution de potasse le transforme en ses isomères $\Delta^{2.4}$ et $\Delta^{2.6}$ (1).

Isomère $\Delta^{2.4}$. $CO^2H—CH\begin{matrix} \diagup CH^2 — CH \diagdown \\ \diagdown C(CO^2H)=CH^2 \diagup \end{matrix}CH$

Il fond à 179°. Il est beaucoup plus soluble dans l'eau que son isomère $\Delta^{1.4}$. Son anhydride, qui fond à 102°-104° se transforme en anhydride $\Delta^{1.4}$ sous l'action de l'anhydride acétique. L'amalgame de sodium et l'eau fixent sur lui deux atomes d'hydrogène et le changent en acide Δ^{1} tétrahydroorthophtalique.

Isomère $\Delta^{2.6}$. $CO^2H — C\begin{matrix} \diagup CH — CH^2 \diagdown \\ \diagdown C(CO^2H)=CH \diagup \end{matrix}CH^2$ (2).

Il fond à 215°. Les solutions alcalines le transforment partiellement en son isomère $\Delta^{2.4}$. Il donne les acides Δ^{2} et Δ^{1} tétrahydrobenzoïques, lorsqu'on le traite par l'amalgame de sodium et l'eau.

Isomère trans $\Delta^{3.5}$. $CO^2H—CH\begin{matrix} \diagup CH = CH \diagdown \\ \diagdown CH(CO^2H)—CH \diagup \end{matrix}CH$.

Il cristallise en prismes allongés et minces, fondant à 210°. L'ébullition avec la solution de soude le transforme immédia-

---

(1) BAEYER. *Lieb. Ann.*, 269, 204.
(2) BAEYER. *Loc. cit.* — ASTIÉ. *Lieb. Ann.*, 258, 188.

lement en son isomère $\Delta^{2.6}$ et avec l'anhydride acétique en son isomère *cis* $\Delta^{3.5}$.

Isomère cis $\Delta^{3.5}$. — Il cristallise en gros prismes fondant à 173-175°, beaucoup plus solubles dans l'eau que les cristaux de son isomère *trans*. Son anhydride fond à 99°.

Acides dihydrotéréphtaliques $CO^2H_1—C^6H^6—CO^2H_4$

[*Ac. cyclohexadiène diméthyloïques* 1.4].

Les six isomères prévus par la théorie sont connus.

Isomère $\Delta^{1.3}$. $CO^2H—C\begin{matrix}\diagup CH — CH \diagdown \\ \diagdown CH^2—CH^2 \diagup\end{matrix}C—CO^2H$ (¹).

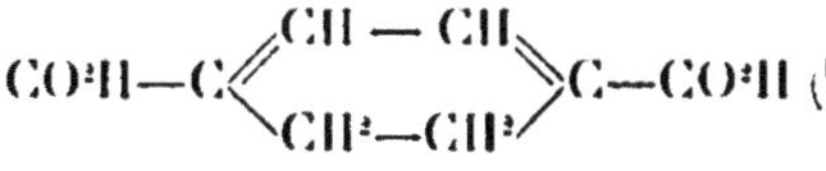

Il forme des cristaux microscopiques presque insolubles dans l'eau. Son éther diméthylique fond à 85°. Il est transformé par les solutions alcalines en son isomère $\Delta^{1.4}$.

Isomère $\Delta^{1.4}$. $CO^2H—C\begin{matrix}\diagup CH—CH^2 \diagdown \\ \diagdown CH^2—CH \diagup\end{matrix}C—CO^2H$ (²).

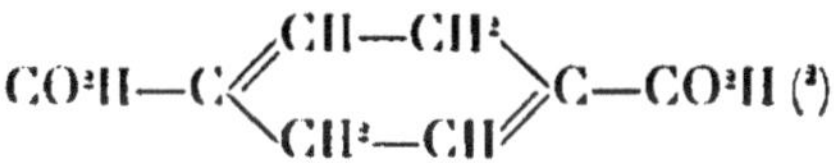

Lorsqu'on le chauffe, il se sublime sans fondre. Son éther diméthylique fond à 225°. L'amalgame de sodium et l'eau le transforment en acide Δ^1 tétrahydrotéréphtalique.

Isomère $\Delta^{1.5}$. $CO^2H—C\begin{matrix}\diagup CH—CH^2 \diagdown \\ \diagdown CH=CH \diagup\end{matrix}CH—CO^2H$ (³).

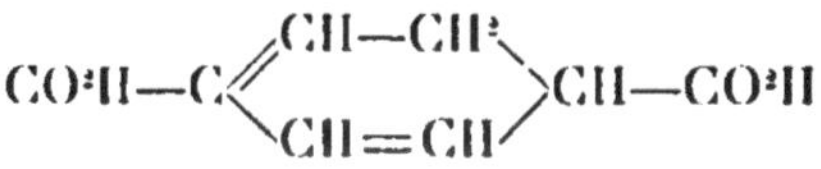

Il se décompose à sa température de fusion; les solutions alcalines le transforment en isomère $\Delta^{1.4}$. Traité par l'amalgame de sodium et l'eau, il donne l'acide Δ^2 tétrahydrotéréphtalique. Son éther diméthylique se résinifie rapidement à l'air.

Isomère $\Delta^{2.5}$. $CO^2H—CH\begin{matrix}\diagup CH=CH \diagdown \\ \diagdown CH=CH \diagup\end{matrix}CH—CO^2H$

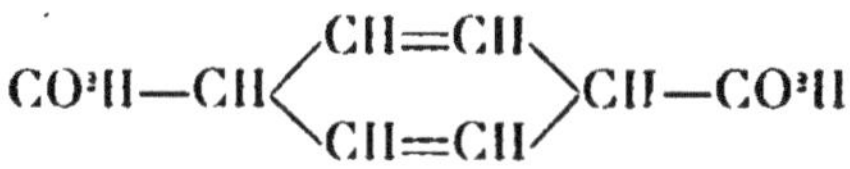

On en connait deux isomères stéréochimiques qui se forment

(¹) Baeyer. *Lieb. Ann.*, *251*, 302. — Herb. *Ibid.*, *258*, 23.
(²) Baeyer. *Ibid.*, *245*, 143; *251*, 272. — Lévy et Curchod. *Berichte*, *22*, 2112.
(³) Baeyer. *Ibid.*, *251*, 298.

tous deux lorsqu'on réduit à froid l'acide téréphtalique par l'amalgame de sodium [1]. On les sépare l'un de l'autre en profitant de leur différence de solubilité. Ils possèdent des réactions semblables et se transforment par ébullition en présence de l'eau en isomère $\Delta^{1.5}$ et en présence de la lessive de soude en isomère $\Delta^{1.4}$.

L'isomère *trans* cristallise en prismes monocliniques allongés qui ne fondent pas encore à 270°.

L'isomère *cis* se présente en grandes tables fusibles à 77°.

Acides alcools hexahydroaromatiques.

[*Ac. cyclohexanol méthyloïques*].

$C^nH^{2n-2}(OH)(CO^2H)$

Ces acides se forment par des réactions analogues à celles qui permettent d'obtenir les acides alcools de la série grasse.

On les obtient encore en hydrogénant directement les oxyacides aromatiques correspondants.

L'*acide quinique*, connu depuis longtemps, paraît devoir être rangé dans ce groupe.

Acide α oxyhexahydrobenzoïque $OH,—C^6H^{10}—CO^2H$,

[*Ac. cyclohexanol* 1 *méthyloïque* 1].

Cet acide se produit, comme on l'a vu (page 78), en faisant réagir l'acide cyanhydrique et l'acide chlorhydrique sur la cyclohexanone $C^6H^{10}O$ en solution dans l'éther [2]. Il fond à 106°.

---

(1) Baeyer. *Ibid.*, 251, 264.
(2) Bucherer. *Berichte*, 27, 1230.

Acide β oxyhexahydrobenzoïque $OH_2—C^6H^{10}—CO^2H_1$
[Ac. *cyclohexanol 2 méthyloïque 1*].

On l'obtient :

1° En faisant réagir l'acide nitreux sur l'acide hexahydroanthranilique ([1]).

$$AzH^2_2—C^6H^{10}—CO^2H_1 + AzO^2H = OH_2—C^6H^{10}—CO^2H_1 + 2Az + H^2O$$

2° En réduisant l'acide β cétohexaméthylène carbonique ([2]).

Il fond à 111°.

Acide hexahydrométaoxybenzoïque $OH_3—C^6H^{10}—CO^2H_1$
[Ac. *cyclohexanol 3 méthyloïque 1*].

Il résulte de la réduction par le sodium et l'alcool de l'acide métaoxybenzoïque. Il fond à 132°.

Acide hexahydrodioxybenzoique $(OH)^2_{2.3}=C^6H^9—CO^2H_1$
[Ac. *cyclohexanediol 2.3 méthyloïque 1*].

Il se produit en même temps que l'acide γoxy Δ^1 tétrahydrobenzoïque, lorsqu'on traite à froid par une solution de potasse dans l'alcool absolu l'acide β. γ. dibromohexahydrobenzoïque $C^6H^9Br^2CO^2H$ ([3]).

Acide quinique $(OH)^4—C^6H^7—CO^2H$
Ac. hexahydrotétraoxybenzoïque.

Cet acide découvert par Vauquelin ([4]) se retire des écorces de quinquina ou des parties vertes du *vaccinium myrtillus* ([5]).

Il cristallise en prismes rhomboïdaux obliques renfermant deux molécules d'eau de cristallisation. Il est lévogyre et fond à 161° en perdant son eau d'hydratation. Chauffé à une tempé-

---

(1) Einhorn et Meyenberg. *Berichte*. 27, 2472.
(2) Dieckmann. *Ibid.*, 27, 2476.
(3) Aschan. *Lieb. Ann.*, 271, 280.
(4) *Ann. chim. et phys.* (1). 59, 162.
(5) Zwenger. *Lieb Ann.*, Sp., 1, 77.

rature plus élevée, il se transforme en anhydride, le *quinide* $C^7H^{10}O^5$, puis fournit de l'acide benzoïque, de l'aldéhyde salicylique, du phénol, de la benzine et surtout de l'hydroquinone $C^6H^4(OH)^2_{1.4}$ (1).

L'ébullition avec l'eau et le peroxyde de plomb le transforme en hydroquinone; le bioxyde de manganèse et l'acide sulfurique donnent la quinone $C^6H^4O^2$.

L'addition du brome à sa solution aqueuse le change en acide protocatéchique $CO^2H—C^6H^3=(OH)^2$ (2). Ce même acide se produit lorsqu'on fond l'acide quinique avec les alcalis (3).

Chauffé avec l'acide iodhydrique, il est réduit en acide benzoïque. Toutes ces réactions montrent sa nature de composé hydroaromatique.

Acide quinique inactif. — Cet isomère de l'acide quinique résulte de l'hydratation du *quinide* $C^7H^{10}O^5$ (4).

Il fond à 169° et présente les réactions de l'acide quinique actif.

Acide α oxyhexahydroisophtalique $OH_1—C^6H^9=(CO^2H)^2_{1.3}$

[*Ac. cyclohexanol 1 diméthyloïque* 1.3]

On l'obtient en faisant réagir l'acide chlorhydrique fumant sur le mélange refroidi de 1 partie d'acide métacétohexahydrobenzoïque $C^7H^{10}O^3$ et de 1,5 partie de cyanure de potassium (5).

Acide αα₁ dioxyhexahydroisophtalique $(OH)^2_{1.3}=C^6H^8=(CO^2H)^2_{1.3}$

[*Ac. cyclohexanédiol* 1.3 *diméthyloïque* 1.3].

Il se produit au moyen de la réaction précédente effectuée sur la dihydrorésorcine $C^6H^8O^2$ (6).

Il fond à 217°-218°. Son anhydride fond à 175° (7).

---

(1) Woehler. *Ibid.*, *51*, 146.
(2) Hesse. *Lieb. Ann.*, 200, 237.
(3) Graebe. *Ibid.*, *138*, 203.
(4) Erwig et Kœnigs. *Berichte*, 22, 1460.
(5) Baeyer et Tutein. *Berichte*, 22, 2186.
(6) Merling. *Lieb. Ann.*, *278*, 51.
(7) Baeyer. *Berichte*, 22, 2176.

ACIDE $\alpha\alpha_1$ DIOXYHEXAHYDROTÉRÉPHTALIQUE $(OH)^2_{1.4}=C^6H^8=(CO^2H)^2_{1.4}$
[Ac. *cyclohexanediol* 1.4 *diméthyloïque* 1.4].

On l'obtient par la réaction de l'acide chlorhydrique et du cyanure de potassium sur la tétrahydroquinone $C^6H^8O^2$.

Acides acétones hydroaromatiques.

Tous les composés appartenant à cette classe ont été obtenus artificiellement. Beaucoup d'entre eux ne sont connus qu'à l'état d'éthers éthyliques ou méthyliques, ces éthers se décomposant en perdant de l'acide carbonique lorsqu'on cherche à les saponifier.

On connaît des *acides acétones hexahydroaromatiques*, des *acides acétones tétrahydroaromatiques*.

Les *acides acétones dihydroaromatiques* sont encore inconnus.

Les éthers de tous ces composés se combinent à l'hydroxylamine et à la phénylhydrazine, comme le font d'ordinaire les acétones.

Ils possèdent, de plus, la propriété de se dissoudre dans les alcalis, ce qui a fait penser qu'ils pourraient exister sous des formes tautomères analogues à celles indiquées pour la dihydrorésorcine.

Ils ne réagissent pas cependant sur l'isocyanate de phényle, comme ils le feraient s'ils possédaient réellement la fonction des alcools ou des phénols. Aussi, adopterons-nous exclusivement les formules acétoniques.

Ces composés présentent un assez grand intérêt parce qu'ils ont permis d'effectuer la synthèse d'un grand nombre de corps hydroaromatiques au moyen de composés de la série grasse.

ACIDES ACÉTONES HEXAHYDROAROMATIQUES

Nous étudierons ces composés dans l'ordre de leur complexité fonctionnelle.

Acide β cétohexaméthylène carbonique $C^6H^9O—CO^2H$. [*Ac. cyclohexanone 2 méthyloïque* 1]. — Son éther éthylique seul est connu ; il prend naissance lorsqu'on chauffe l'éther pimélique $C^2H^5CO^2—(CH^2)^5—CO^2C^2H^5$ avec le sodium et quelques gouttes d'alcool (¹).

Sa solution alcoolique donne une belle coloration violette lorsqu'on l'additionne de perchlorure de fer.

Acide γ cétohexaméthylène carbonique $C^6H^9O—CO^2H$. [*Ac. cyclohexanone 3 méthyloïque* 1]. — Cet acide résulte de la décomposition de l'acide β cétohexaméthylène dicarbonique $CO^2H_1—C^6H^8O—CO^2H_4$, lorsqu'on le chauffe à 115-120° ou lorsqu'on le fait bouillir avec l'eau (²).

Il est sirupeux et se mélange à l'eau. Son oxime fond à 170° en se décomposant.

Acide β cétohexaméthylène dicarbonique $CO^2H_1—C^6H^8O—CO^2H_4$. [*Ac. cyclohexanone 2 diméthyloïque* 1.4]. — On l'obtient en réduisant à froid par l'amalgame de sodium l'acide β oxytéréphtalique (³).

Très soluble dans l'éther et l'alcool, il est peu soluble dans l'eau. Sa solution colore le perchlorure de fer en bleu violet. Chauffé avec de l'eau, il se transforme comme on l'a vu en acide γ cétohexaméthylène carbonique.

ACIDES HEXAHYDROAROMATIQUES BIBASIQUES ET DIACÉTONIQUES

Les éthers des acides bibasiques et diacétoniques ont été préparés en grand nombre dans ces dernières années par deux méthodes différentes suivant qu'ils se rattachent à la *dihydrorésorcine* ou à la *tétrahydroquinone*.

Nous avons vu plus haut que ces deux diacétones et leurs homologues se préparent en saponifiant les éthers desac eids

---

(¹) Dieckmann. *Berichte*, 27, 103.
(²) Baeyer et Tutein. *Berichte*, 22, 2182.
(³) Baeyer et Tutein. *Berichte*, 22, 2180.

hexahydroaromatiques bibasiques et diacétoniques correspondants, qui perdent ainsi de l'alcool et de l'acide carbonique suivant les réactions

$$CH^2\left\langle\begin{matrix}CH(CO^2.C^2H^5)-CO\\CH(CO^2C^2H^5)-CO\end{matrix}\right\rangle CH^2 \quad + 2\,H^2O$$

Ether diéthylique de l'acide dihydrorésorcine dicarbonique

$$= \; CH^2\left\langle\begin{matrix}CH^2-CO\\CH^2-CO\end{matrix}\right\rangle CH^2 \quad + 2\,CO^2 + 2\,C^2H^6O$$

Dihydrorésorcine

$$C^2H^5CO^2-CH\left\langle\begin{matrix}CO-CH^2\\CH^2-CO\end{matrix}\right\rangle CH-CO^2C^2H^5 \quad + 2\,H^2O$$

Ether diéthylique de l'acide succinylsuccinique

$$= \; CH^2\left\langle\begin{matrix}CO-CH^2\\CH^2-CO\end{matrix}\right\rangle CH^2 + 2\,CO^2 + 2\,C^2H^6O$$

Tétrahydroquinone

Aussi, les méthodes qui permettent d'obtenir ces éthers ont-elles été décrites à propos des diacétones correspondantes, nous n'y reviendrons pas.

A part l'acide succinylsuccinique que l'on connait à l'état de liberté, tous les autres acides de ce groupe ne sont connus qu'à l'état d'éthers.

Acide méthyldihydrorésorcine dicarbonique $CH^3{}_1-C^6H^5O^2=(CO^2H)^2{}_{2.6}$

[*Ac. méthyle 1. cyclohexanedione 3.5 diméthyloïque 2.6*].

Son éther éthylique se forme, en faisant réagir l'éther éthylidène acétylacétique sur l'éther malonique, en présence de l'alcool sodé (1). Il bout à 85°.

Acide diméthyldihydrorésorcine dicarbonique $(CH^3)^2{}_{1.1}=C^6H^4O^2=(CO^2H)^2{}_{2.6}$. [*Ac. diméthyle* 1.1 *cyclohéxanedione* 3.5 *diméthy-*

---

(1) Knœvenagel. *Berichte*, 27, 2344.

loïque 2.6]. — On prépare son éther éthylique avec l'éther propylidène acétylacétique et l'éther malonique (1).

ACIDE PHÉNYLDIHYDRORÉSORCINE DICARBONIQUE $C^6H^5{}_1—C^6H^5O^2=(CO^2H)^2{}_{2.6}$. [*Ac. phényle* 1 *cyclohexanédione* 3.5 *dyméthyloïque* 2.6] (2). — Il fond à 156°.

ACIDE SUCCINYLSUCCINIQUE $C^6H^6O^2=(CO^2H)^2$

[*Ac. cyclohexanedione* 2.5 *diméthyloïque* 1.4].

Son éther diéthylique se forme, comme il a été dit, lorsqu'on fait réagir le sodium ou l'alcool sodé sur l'éther succinique (3), ou sur l'éther acétylacétique bromé (4). On l'obtient encore en traitant l'éther acétylacétique iodé par le cyanure d'argent (5), et enfin, en réduisant par le zinc et l'acide chlorhydrique l'éther paradioxytéréphtalique en solution alcoolique (6).

Préparation. — C'est la première méthode qui sert à le préparer. On chauffe à reflux pendant 3 ou 4 jours une dissolution d'éther succinique dans l'éther pur et sec avec de l'éthylate de sodium exempt d'alcool et pulvérisé. Après refroidissement, on ajoute la quantité théorique d'acide sulfurique (7). L'évaporation de la solution éthérée permet d'obtenir l'éther succinylsuccinique à l'état cristallin.

Pour le transformer en acide succinylsuccinique, on le saponifie à froid par la quantité théorique de soude caustique; on traite par l'acide carbonique qui précipite l'éther monoéthylique qui s'est formé par une saponification incomplète et,

---

(1) VORLAENDER et ERIG. *Lieb. Ann.*, *294*, 314.
(2) KNOEVENAGEL. *Berichte*, *27*, 2340.
(3) HERMANN. *Lieb. Ann.*, *211*, 306.
(4) WEDEL. *Ibid.*, *213*, 94. — DUISBERG. *Ibid.*, *223*, 149.
(5) SCHÖNBRODT. *Ibid.*, *253*, 182.
(6) BAEYER. *Berichte*, *19*, 432.
(7) PIUTTI. *Gazz. chim. ital.*, *20*, 167.

après séparation de celui-ci, on précipite l'acide succinylsuccinique par l'acide chlorhydrique.

Propriétés. — Il cristallise en petites aiguilles de couleur verte peu solubles dans l'eau.

Chauffé à 200°, il se décompose sans fondre en acide carbonique et tétrahydroquinone.

$$C^8H^8O^6 = 2\,CO^2 + C^6H^8O^2$$

Sa solution alcoolique est colorée en violet par le perchlorure de fer. L'hydrogène naissant le transforme en *quinite* $OH_1—C^6H^{10}—OH_4$.

Son *éther diéthylique* $C^8H^6O^4(OC^2H^5)^2$ cristallise en aiguilles fluorescentes fondant à 126°. Insoluble dans l'eau froide et dans l'ammoniaque, il se dissout dans les solutions alcalines étendues en les colorant en jaune intense. Sa solution alcoolique est fortement fluorescente et le perchlorure de fer la colore en rouge cerise. Les solutions alcalines, traitées par le brome, donnent naissance au bromanile ou quinone tétrabromée.

Il donne avec les bases des combinaisons bimétalliques, que l'acide carbonique décompose. Son dérivé disodé réagit avec les chlorures d'acides, en donnant naissance à des dérivés diacétylé, dibenzoïlé, etc., et avec les iodures alcooliques en produisant les homologues supérieurs de l'éther succinylsuccinique :

$$C^2H^5 \cdot CO^2—CNa \left\langle \begin{array}{l} CO—CH^2 \\ CH^2—CO \end{array} \right\rangle CNa—CO^2C^2H^5 \quad + \quad 2\,RI$$

$$= \quad 2NaI \quad + \quad C^2H^5—CO^2—CR \left\langle \begin{array}{l} CO—CH^2 \\ CH^2—CO \end{array} \right\rangle CR—CO^2C^2H^5$$

Les alcalis le saponifient dès la température ordinaire en donnant d'abord l'éther monoéthylique, puis l'acide succinylsuccinique.

Chauffé seul ou en présence des acides étendus, il se transforme en tétrahydroquinone.

Il s'unit à deux molécules d'hydroxylamine en donnant l'éther tétrahydroquinonedioximecarbonique $C^6H^7(AzOH)^2$—$CO^2C^2H^5$, une molécule d'acide carbonique étant éliminée.

La phénylhydrazine donne aussi une combinaison ; l'isocyanate de phényle est au contraire sans action sur lui.

Les homologues de l'éther succinylsuccinique se préparent facilement, comme il a été dit plus haut, au moyen du dérivé disodé de cet éther et des iodures alcooliques ([1]). Ces éthers sont connus sous deux formes isomériques *cis* et *trans*. On connaît les éthers suivants :

Ether diéthylique de l'acide diéthylsuccinylsuccinique.
— — dipropylsuccinylsuccinique.
— — diisopropylsuccinylsuccinique.
— — méthylpropylsuccinylsuccinique.
— — méthylisopropylsuccinylsuccinique.

Acide dioxydihydropyromellique $C^{10}H^8O^{10}$. [*Ac. cyclohexanedione* 2.5 *tétraméthyloïque* 1.3.4.6]. — Son éther éthylique fond à 142-144° après avoir été séché à 110°. Sa solution alcoolique est légèrement fluorescente et colore le perchlorure de fer en rouge cerise.

Acide phloroglucine tricarbonique $C^9H^6O^9$. [*Ac. cyclohexanetrione* 1.4.6 *tricarbonique* 2.3.5]. — Son mode de préparation a été indiqué à propos de la phloroglucine qui peut être obtenue par son intermédiaire.

Il fond à 101°.

ACIDES ACÉTONES TÉTRAHYDROAROMATIQUES

Les acides acétones tétrahydroaromatiques ne sont connus qu'à l'état d'éthers. Ceux-ci ont tous été préparés par la même méthode, due à M. Knœvenagel, et qui a été décrite plus haut à propos des acétones tétrahydroaromatiques correspondants.

([1]) Baeyer. *Berichte*, 26, 232.
([2]) Nef. *Lieb. Ann.*, 237, 35 et 258, 276.

Ils fournissent en effet ces acétones en perdant de l'acide carbonique, lorsqu'on cherche à les saponifier, réaction identique à celle que fournissent les éthers des acides acétones hexahydroaromatiques.

Tous ces composés présentent des propriétés analogues à celles du plus simple d'entre eux sur lequel nous fournirons quelques détails.

[ACIDE MÉTHYLE 1 Δ^1 CYCLOHEXÈNONE 3 MÉTHYLOIQUE 4] $CH^3_1—C^6H^5O—CO^2C^2H^5_4$

L'éther diéthylique de cet acide se produit en même temps que l'éther de l'acide méthyl 1 Δ^1 cyclohexènone 3 diméthyloïque 4.6, lorsqu'on distille avec de la vapeur d'eau l'éther méthylène diacétylacétique (1). Ce dernier composé résulte comme on sait de l'action de l'iodure de méthylène sur l'éther acétylacétique, en présence de l'alcool sodé. Voici la suite des réactions :

$$2C^2H^5{\cdot}CO^2—CH^2—CO—CH^3 \quad + \quad CH^2I^2$$

Ether acétylacétique

$$= \begin{array}{c} C^2H^5{\cdot}CO^2—CH—CO—CH^3 \\ | \\ CH^2 \\ | \\ C^2H^5{\cdot}CO^2—CH—CO—CH^3 \end{array} + 2\,HI$$

Ether méthylène diacétylacétique

$$\begin{array}{l} C^2H^5{\cdot}CO^2—CH—CO—CH^3 \\ \qquad\qquad\;\; | \\ \qquad\qquad CH^2 \quad CH^3 \\ \qquad\qquad\;\; | \qquad\; | \\ C^2H^5{\cdot}CO^2—CH—CO \end{array} = H^2O + \begin{array}{l} C^2H^5{\cdot}CO^2—CH—C—CH^3 \\ \qquad\qquad\;\; | \qquad \| \\ \qquad\qquad CH^2 \quad CH \\ \qquad\qquad\;\; | \qquad\; | \\ C^2H^5{\cdot}CO^2—CH—CO \end{array}$$

Ether méthylène diacétylacétique — Ether de l'acide méthyle 1 Δ^1 cyclohexènone 3 diméthyloïque 4.6

Ce dernier éther, sous l'action de la vapeur d'eau, est par-

(1) HAGEMANN. *Berichte*, 26, 884. — KNŒVENAGEL et KLAGES. *Lieb. Ann.*, 281, 96.

tiellement saponifié et donne avec départ d'acide carbonique l'éther de l'acide cherché.

$$CH^3 - C \begin{cases} CH - CO \\ CH^2 - CH^2 \end{cases} CH - CO^2C^2H^5$$

Ether de l'acide méthyle 1 Δ^1 cyclohexènone 3 méthyloïque 4

Cet éther bout à 151° sous 22 millimètres de pression.

Chauffé à l'ébullition avec les acides étendus, il est saponifié et perd en même temps de l'acide carbonique, en donnant naissance à l'acétone correspondante, la méthyle 1 Δ^1 cyclohexènone 3.

$$CH^3 - C \begin{cases} CH - CO \\ CH^2 - CH^2 \end{cases} CH^2$$

Méthyl 1 Δ^1 cyclohexènone 3

Il se combine avec un atome de sodium en donnant un dérivé sodé qui réagit sur les iodures alcooliques et les chlorures d'acides. On obtient ainsi, par l'action des iodures alcooliques sur ce dérivé sodé, les éthers des acides acétones homologues de l'acide méthyle 1 Δ^1 cyclohexènone méthyloïque 4.

$$CH^3 - C \begin{cases} CH - CO \\ CH^2 - CH^2 \end{cases} CNa - CO^2C^2H^5 \quad + \quad RI$$

$$= \quad CH^3 - C \begin{cases} CH - CO \\ CH^2 - CH^2 \end{cases} CR - CO^2C^2H^5 \quad + \quad NaI$$

Il est un autre moyen d'obtenir d'autres éthers homologues : nous venons de voir que l'éther éthylique de l'acide qui nous occupe résulte d'une série de réactions dont la première nécessite l'emploi de l'iodure de méthylène CH^2I^2. Si l'on remplace ce composé par un iodure éthylidénique quelconque $R - CHI^2$, toutes ces réactions se produisent encore et l'on obtient les éthers homologues répondant à la formule générale :

$$CH^3-C\begin{matrix}\diagup CH—CO \diagdown \\ \diagdown CH^2—CHR \diagup\end{matrix}CH-CO^2C^2H^5.$$

M. Knœvenagel a préparé ainsi les éthers éthyliques suivants :

Ether Méthyle 1 isopropyle 4 Δ^1 cyclohexènone 3 méthyloïque 4.
— *Méthyle 1 Δ^1 cyclohexènone 3 diméthyloïque 4.6.*
— *Diméthyle 1.5 Δ^1 cyclohexènone 3 diméthyloïque 4.6.*
— *Triméthyle 1.5.5 Δ^1 cyclohexènone 3 diméthyloïque 4.6.*
— *Méthyle 1 isopropyle 5 Δ^1 cyclohexènone diméthyloïque 4.6.*
— *Méthyle 1 isobutyle 5 Δ^1 cyclohexènone 3 diméthyloïque 4.6.*
— *Méthyle 1 hexyle 6 Δ^1 cyclohexènone 3 diméthyloïque 4.6.*

CHAPITRE VII

AMINES

Les amines hydroaromatiques ont été peu étudiées et ne sont connues qu'en très petit nombre.

On les obtient par les procédés qui fournissent les amines de la série grasse.

1° En réduisant les dérivés nitrés des carbures hexahydroaromatiques (V. Meyer).

$$R—AzO^2 + 3H^2 = R—AzH^2 + 2H^2O$$

2° En faisant réagir le sodium sur les solutions alcooliques des oximes correspondantes (Goldschmidt).

$$R=AzOH + 2H^2 = RH—AzH^2 + H^2O$$

3° En faisant réagir le brome et la potasse sur les amides correspondants (Hoffmann).

$$R—CO—AzH^2 + Br^2 + 4KOH = R—AzH^2 + 2KBr + CO^3K^2 + 2H^2O$$

Quelque soit le procédé employé pour les former, on purifie ces amines en les entraînant à la distillation par un courant de vapeur d'eau ; on les dessèche sur la potasse caustique récemment fondue ou sur la baryte anhydre, enfin on les rectifie.

AMIDOHEXAMÉTHYLÈNE $C^6H^{11}—AzH^2$

[*Aminocyclohexane*].

On obtient cette amine par les trois méthodes précédentes appliquées respectivement au nitrohexaméthylène $C^6H^{11}—AzO^2$, à l'oxime de la pimélone $C^6H^{10}=AzOH$, à l'amide hexahydrobenzoïque $C^6H^{11}—CO—AzH^2$.

C'est un liquide incolore à odeur fortement ammoniacale, fumant à l'air, très soluble dans l'eau et donnant des sels cristallisés avec les acides minéraux.

Elle bout à 134° ; sa densité est 0,882. Son dérivé acétylé $C^6H^{11}—AzH—C^2H^3O$ fond à 104°. Son dérivé benzoïlé fond à 147°. Traitée par l'acide nitreux, elle se transforme en hexahydrophénol $C^6H^{11}—OH$.

ORTHODIAMIDOHEXAMÉTHYLÈNE $AzH^2_1—C^6H^{10}—AzH^2_2$ [1.2 *Diaminocyclohexane*]. — Elle bout à 180° (1).

MÉTADIAMIDOHEXAMÉTHYLÈNE $AzH^2_1—C^6H^{10}—AzH^2_3$ [1.3 *Diaminocyclohexane*]. — Elle bout à 183°. Son dérivé diacétylé fond à 286° (2).

HEPTANAPHTÈNEAMINE $CH^3—C^6H^{10}—AzH^2$. — Elle se prépare avec l'amide de l'acide octonaphténique (2). Elle bout à 152°.

Amines acides hydroaromatiques.

ACIDE HEXAHYDROANTHRANILIQUE $CO^2H_2—C^6H^{10}—AzH^2_1$

Ac. orthoamidohexahydrobenzoïque ; [acide amino 1 cyclohexaneméthyloïque 4].

Il résulte de la réduction de l'acide anthranilique $CO^2H—$

---

(1) EINHORN et MEYENBERG. *Lieb. Ann.*, *295*, 187.
(2) ASCHAN. *Berichte*, *24*, 3710.

$C^6H^4—AzH^2$ par le sodium et l'alcool amylique[1]. Il se présente en aiguilles larges et brillantes fondant à 274° en se décomposant.

Acide paraamidohexahydrobenzoïque $CO^2H_1—C^6H^{10}—AzH^2{}_4$ [*Ac. amido* 1 *cyclohexaneméthyloïque* 4]. — Il fond à 304°.

Acide hexahydroparadiméthylamidobenzoïque

$(CH^3)^2Az_1—C^6H^{10}—CO^2H_4$ [*Ac. diméthylamino* 1 *cyclohexaneméthyloïque* 4]. — Il fond à 100° et si l'on continue à chauffer, il se solidifie, puis fond de nouveau à 219°.

---

(1) Einhorn et Meyenberg. *Berichte*, 27, 2470.

CHAPITRE VIII

RELATIONS ENTRE LES COMPOSÉS HYDROAROMATIQUES ET CEUX DES SÉRIES GRASSE ET AROMATIQUE

Les composés hydroaromatiques peuvent être regardés comme des termes de passage entre les deux séries qui partagent la chimie organique.

Voyons d'abord les relations qu'ils présentent avec la série grasse.

1° Beaucoup d'entre eux, nous l'avons vu, peuvent être obtenus au moyen des composés de la série grasse et tous se comportent, en général dans leurs réactions, comme ces derniers composés.

Leurs dérivés halogénés perdent facilement les hydracides correspondants sous l'influence des alcalis en donnant des carbures analogues aux carbures éthyléniques.

Leurs dérivés hydroxylés se comportent comme des alcools et non comme des phénols. En effet, leur combinaison avec les alcalis dégage une quantité de chaleur presque nulle, et comparable à celle produite dans la formation des alcoolates alcalins; ils donnent, par oxydation, des acétones et par déshydratation régulière des carbures analogues aux carbures éthyléniques.

2° Les réactions qui donnent naissance aux corps hexahydroaromatiques sont les mêmes qui produisent les composés cyclométhyléniques ou *paraffféniques* tels que l'*heptaméthylène* et ses dérivés, le *pentaméthylène* et ses dérivés que l'on classe d'ordinaire dans la série grasse.

Bien plus, ces divers composés *paraffèniques* peuvent se transformer les uns dans les autres et fournir leurs isomères *hexahydroaromatiques*. Inversement, ces dérivés *hexahydroaromatiques* peuvent être transformés en dérivés *paraffèniques*.

L'heptaméthylène iodé ou subérane iodé, chauffé avec l'acide iodhydrique, se transforme en effet en méthylhexaméthylène ou hexahydrotoluène.

$$\begin{matrix} CH^2-CH^2-CH^2 \\ | \\ CH^2-CH^2-CH^2 \end{matrix}\!\!>\!CHI \qquad \begin{matrix} CH^2-CH^2-CH-CH^3 \\ |\qquad\qquad\quad | \\ CH^2-CH^2-CH^2 \end{matrix}$$

Subérane iodé — Hexahydrotoluène

De même, le dérivé iodé de l'hexaméthylène *carbure hexahydroaromatique* se transforme dans les mêmes conditions en méthylpentaméthylène, carbure *paraffènique*.

$$CH^2\!<\!\begin{matrix} CH^2-CH^2 \\ CH^2-CH^2 \end{matrix}\!>\!CHI \qquad CH^2\!<\!\begin{matrix} CH^2-CH-CH^3 \\ |\quad \\ CH^2-CH^2 \end{matrix}$$

Hexaméthylène iodé — Méthylpentaméthylène

Les carbures hexahydroaromatiques font donc partie de la série de composés qu'on a nommé les *paraffènes*. Ils n'en sont qu'un cas particulier et l'analogie de propriétés se poursuit entre les divers composés hydroaromatiques et les dérivés correspondants des autres paraffènes rangés habituellement dans la série grasse.

Les relations avec la série aromatique ne sont pas moins nettes :

Nous avons vu, en effet, que l'on peut obtenir beaucoup de composés hydroaromatiques en hydrogénant directement les composés correspondants de la série aromatique et que la transformation inverse est possible pour certains d'entre eux.

Les composés hydroaromatiques forment donc un groupe de transition, montrant qu'il existe une continuité remarquable entre les divers composés organiques et que la division de ceux-ci en série grasse et série aromatique doit disparaître de la science, comme le disait déjà M. Prunier dès 1878 dans les conclusions de son travail sur la quercite.

Les propriétés de ces composés apportent aussi quelque lumière sur la formation, au sein des êtres vivants, des corps de la série aromatique.

On admet en effet que les composés de la série grasse s'y produisent, en général, par la transformation des matières sucrées, résultant de la polymérisation de l'aldéhyde formique. Or, M. Maquenne a montré qu'une matière sucrée de la série grasse, la *perséite* $C^7H^9(OH)^7$, se transforme avec facilité en un carbure hydroaromatique, le tétrahydrotoluène (1).

Deux composés hydroaromatiques, la *quercite* et l'*inosite*, si répandues dans les plantes et qui produisent si facilement des composés aromatiques, sont peut-être les termes de passage entre ces composés et les matières sucrées de la série grasse (2).

Enfin, les relations qui existent entre les composés hydroaromatiques et les corps de la série camphénique, permettent de supposer qu'ils servent aussi d'intermédiaires dans la formation des huiles essentielles et des résines, si répandues dans les végétaux.

---

(1) *Ann. chim. et phys.* (6), *28*, 279.
(2) Maquenne. *Ibid.* (6), *12*, 129. — Berthelot et Recoura. *Ibid.*, *13*, 341.

CHAPITRE IX

RELATIONS DES COMPOSÉS HYDROAROMATIQUES AVEC LES CORPS DE LA SÉRIE CAMPHÉNIQUE

Le groupe de composés que l'on désigne par le nom de *série camphénique* renferme les carbures d'hydrogène de formule $C^{10}H^{16}$, leurs polymères et leurs dérivés qui se rencontrent dans la plupart des huiles essentielles.

On les divise ordinairement en trois classes suivant leur degré de saturation (Berthelot, Bouchardat, Wallach).

La première renferme les *carbures terpiléniques* qui sont susceptibles de s'unir avec deux molécules d'acide chlorhydrique ou de brome comme les *terpilènes*, le *sylvestrène*, etc.

La seconde comprend les *carbures camphéniques* proprement dits, qui ne fixent qu'une seule molécule d'acide chlorhydrique ou de brome, comme les *camphènes*.

La troisième enfin, est formée des carbures qui ne peuvent s'unir par addition, ni à l'acide chlorhydrique, ni au brome comme le *phellandrène* et le *terpinène*.

Malgré le grand nombre de travaux auxquels ils ont donné lieu, leur constitution est loin d'être établie.

On sait cependant depuis longtemps qu'ils présentent des relations assez étroites avec les composés de la série grasse d'une part, et d'autre part, avec les composés de la série aromatique.

M. G. Bouchardat (1) a montré en effet que le *valérylène* $CH^3—C\equiv C—CH^2—CH^3$ et l'*isoprène* $CH^2=C(CH^3)—CH=CH^2$ se polymérisent sous l'action de la chaleur en donnant un carbure camphénique, le *terpilène* $C^{10}H^{16}$.

Inversement, M. Tilden (2) a obtenu dans la décomposition pyrogénée de l'essence térébenthine une notable quantité d'*isoprène*, que M. G. Williams isola aussi des produits de la décomposition du caoutchouc (3).

Enfin M. Berthelot, soumettant cette essence à l'action de l'acide iodhydrique, obtint entre autres produits le *pentane normal* C^5H^{12}.

D'autre part, les relations avec la série aromatique sont aussi évidentes.

Le *cymène* ou paraméthylisopropylbenzine $CH^3{}_1—C^6H^4—C^3H^7{}_4$ a été trouvé avec d'autres carbures aromatiques tels que la benzine, le toluène, le métaxylène, la naphtaline, etc., dans les produits de la décomposition pyrogénée de l'essence de térébenthine (4). Ce même carbure se forme encore, lorsqu'on fait réagir sur l'essence de térébenthine l'acide sulfurique (H. Sainte-Claire Deville) ou l'iode (5).

Enfin, les carbures camphéniques, oxydés par divers agents donnent naissance, entre autres produits, aux acides paratoluique et téréphtalique.

Nous avons vu que les mêmes relations avec les séries grasse et aromatique existent également pour les composés hydroaromatiques ; aussi a-t-on été amené à rapprocher de ceux-ci un certain nombre de composés de la série camphénique. M. Baeyer (6) cherchant à préparer de toutes pièces ces com-

---

(1) *Comptes Rendus*, *87*, 654 et *89*, 361.

(2) *Journ. Chem Soc.*, *45*, 411 et *Ann. chim. et phys.* (6), *5*, 131.

(3) *Jahr. Ber.*, *1860*, 195.

(4) H. Sainte-Claire Deville. *Ann. chim. et phys.* (3), 27, 78. — Berthelot. *Ibid.* (4), *16*, 165. — Schultz. *Berichte*, *1877*, 114. — Tilden. *Loc. cit.*

(5) Kékulé. *Berichte*, *6*, 437.

(6) *Berichte*, *26*, 233.

posés, a effectué la synthèse du *dihydroparacymène* $C^{10}H^{16}$ étudié plus haut. Ce carbure possède des propriétés analogues à celles des carbures camphéniques; mais n'a pu être identifié avec aucun d'entre eux.

Les carbures de la première classe et en particulier le *terpilène* semblent pouvoir être rattachés aujourd'hui aux *dihydrocymènes.*

1° Nous avons vu que le *menthol* $C^{10}H^{19}OH$ peut être vraisemblablement classé parmi les dérivés de l'*hexahydro paracymène* $CH^3_1—C^6H^{10}—C^3H^7_4$ et qu'il en est de même de la terpine $OH—C^{10}H^{18}—OH$, car elle est susceptible d'être transformée en menthène $C^{10}H^{18}$, carbure qui résulte de la déshydratation du *menthol* (Bouchardat et Lafont). Les réactions d'oxydation de la *terpine* ainsi que sa synthèse au moyen du *linalol* (voy. page 63), permettent de la considérer comme un glycol dérivé de l'*hexahydroparacymène* et de lui attribuer la formule proposée par M. Wagner :

$$\begin{matrix} CH^3 \\ CH^3 \end{matrix} \!\! > COH — CH < \begin{matrix} CH^2 — CH^2 \\ CH^2 — CH^2 \end{matrix} > COH — CH^3$$

Terpine.

Or, on sait que la terpine se forme avec la plus grande facilité par l'hydratation du *terpilène*

$$C^{10}H^{16} + 2H^2O = C^{10}H^{20}O^2.$$

Ce carbure doit donc posséder au même titre que la *terpine* le même noyau que l'*hexahydroparacymène.*

2° La constitution du *terpilène* est encore précisée par ses relations avec le *linalol.* Cet alcool fournit en effet par déshydratation le *terpilène* et l'on peut écrire la réaction de la façon suivante, qui représente ce dernier comme un *dihydrocymène.*

$$\begin{matrix} CH^3 \\ CH^3 \end{matrix} \!\! > C = CH / \begin{matrix} CH^2 — CH^2 \\ CH^2 = CH \end{matrix} > COH — CH^3$$

Linalol

$$= \begin{matrix} CH^3 \\ CH^3 \end{matrix} \!\! > CH — CH < \begin{matrix} CH^2 — CH \\ CH = CH \end{matrix} \!\! > C — CH^3 \; + \; H^2O$$

Terpilène

3° M. Baeyer[1] est venu confirmer ces relations du *terpilène* avec un *dihydrocymène,* en lui enlevant par des réactions régulières deux atomes d'hydrogène et le transformant en un carbure $C^{10}H^{14}$ qu'il regarde comme du *cymène.*

Il faut ajouter, cependant, que ce carbure n'a été obtenu qu'en très petite quantité et à l'état impur, puisqu'il distille entre 174° et 180°.

4° Cette constitution du *terpilène* est conforme aux relations thermiques qui doivent exister entre le cymène et ses dihydrures. Nous avons vu, en effet (page 19), que la formation du dihydrure de benzine à partir de la benzine dégage une quantité de chaleur à peu près nulle. Il en est de même dans la formation du *terpilène* à partir du *cymène,* car, d'après les déterminations de M. Stohmann, la chaleur de combustion du terpilène est sensiblement la somme de celle du cymène et de celle de l'hydrogène.

Les relations entre les autres carbures de cette classe et les dihydrocymènes sont moins nettes. Rappelons cependant que le *sylvestrène,* que l'on rencontre dans les essences de térébenthine russe et suédoise, de même que le *carvestrène* qui se forme dans la distillation du chlorhydrate de vestrylamine, se rapprochent du dihydrocymène synthétique par la réaction suivante : la solution acétique de ces trois carbures se colore fortement en bleu lorsqu'on y ajoute de l'acide sulfurique.

On a cherché à établir la constitution des autres carbures camphéniques et en particulier celle du *camphène,* dont l'oxydation produit le camphre (Berthelot). Malgré les nombreux travaux effectués dans ces dernières années, tant sur le carbure lui-même que sur ses dérivés, l'on n'est pas encore arrivé à des résultats bien nets. Cependant la plupart des chimistes s'accordent aujourd'hui pour attribuer à ces composés une double chaîne fermée, différente par conséquent de celle des composés hydroaromatiques.

---

(1) *Berichte*, 31, 1401.

Quant au plus important d'entre eux, au *térébenthène,* il est à peu près certain qu'il ne doive pas être rangé parmi ces composés. Il semble posséder une constitution qui lui est propre, et qui lui permet de se transformer tantôt en dérivé du terpilène, tantôt en dérivé du camphre, comme l'a montré M. Berthelot [1].

[1] *Ann. chim. et phys.* (6), 23, 538.

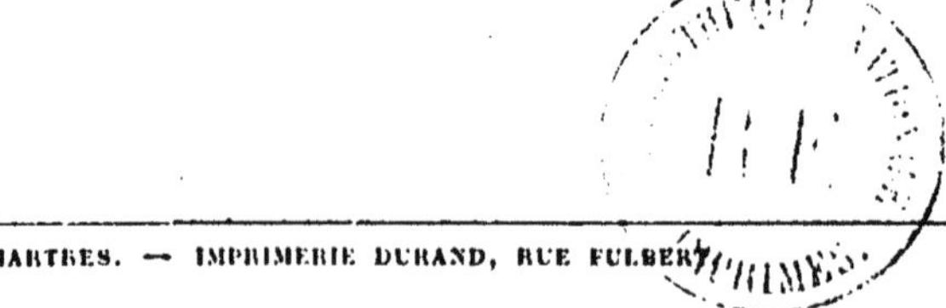

CHARTRES. — IMPRIMERIE DURAND, RUE FULBERT.

CHARTRES. — IMPRIMERIE DURAND, RUE FULBERT

www.ingramcontent.com/pod-product-compliance
Ingram Content Group UK Ltd.
Pitfield, Milton Keynes, MK11 3LW, UK
UKHW012226240726
13966UKWH00003B/983